U0396309

矛之灵盾

试论物质世界的存在与演化

李亚南 / 著

华南理工大学出版社
SOUTH CHINA UNIVERSITY OF TECHNOLOGY PRESS
·广州·

图书在版编目（CIP）数据

矛之灵盾：试论物质世界的存在与演化 / 李亚南著 . —广州：华南
理工大学出版社，2019.11

ISBN 978-7-5623-6042-1

Ⅰ.①矛…　Ⅱ.①李…　Ⅲ.①自然哲学－研究　Ⅳ.①N02

中国版本图书馆 CIP 数据核字（2019）第 135307 号

Mao Zhi Ling Dun：Shilun Wuzhi Shijie De Cunzai Yu Yanhua
矛之灵盾：试论物质世界的存在与演化

李亚南　著

───────────────────────────────────────

出 版 人：卢家明
出版发行：华南理工大学出版社
　　　　　（广州五山华南理工大学 17 号楼，邮编 510640）
　　　　　http：//www.scutpress.com.cn　E-mail：scutc13@scut.edu.cn
　　　　　营销部电话：020-87113487　87111048（传真）
责任编辑：谢茉莉
印 刷 者：广州市新怡印务有限公司
开　　本：700mm×1000mm　1/16　印张：11.75　字数：150 千
版　　次：2019 年 11 月第 1 版　2019 年 11 月第 1 次印刷
定　　价：58.00 元

───────────────────────────────────────

试论物质世界的
存在与演化

　　关于光磁火"8"圈层概念解析，科学家认为，一切物体都在持续不断进行振动，要么是以不同频率振动，要么是以相同频率共振。当把不同频率正在振动的物体放在一起时，这些物体的振动频率就会趋同，出现同频率的共振，这种同步的现象或过程，称为"自发性自组织现象"。物质如此，意识也存在同样的情况，也就促进了意识的产生。共振波的速度决定了每个意识实体在某一时刻的规模，且某一共振波向更多的组成部分扩展。越是细小纯洁的物体其旋转速度越快，频率就会越高。纯洁的物体表面受"氢火"（可认为是原子核中的质子，金属类）控制较强烈，杂乱的物体表面受"碳火"（可认为是原子核中的中子，非金属类）控制比较多。"碳火"与"氢火"的综合作用就会出现生命物质——碳氢化合物。哲学认为，自组织系统必须是一个开放系统，系统只有通过与外界进行物质、能量与信息的交换，才有产生和维持稳定有序结构的可能，出现质变与量变的关系。

"碳火"可以改变绝大部分元素的形态，如金属、非金属、有机物、无机物经过燃烧均出现形态的变化，或变成固态、液态、气态或等离子态。物质的形态又由其圈层所控制，而圈层的变化均由光磁火"8"圈控制。有形物质可以看成隐性光磁火"8"圈，能量可以看成显性光磁火"8"圈。所有的光磁火"8"圈几乎都是面状结构的，且变化速度较快。水可以看成是"氢火圈"的特殊形态，是生命之源。

几乎所有的物质、能量与信息均可以光磁火"8"圈层效应解析。圈层一旦形成，圈层与圈层之间的所有物质就有可能出现"自发性自组织现象"。由不稳定非均匀状态转向稳定的均匀状态，保持其形态相对稳定。若圈层表面光滑、纯洁且呈三层球形，那么其稳定性好，其内容物就有可能相对简单；若圈层表面粗糙、复杂且呈三层以上椭球形，那么其内容物会相对复杂。

光磁是物质运动的载体，也是信息传播的工具。我们的电子信息传播工具基本是光磁性质的，如电脑、手机、电视机、收录机等。火是一切有形物质存在的根源，我们常见的金属、非金属、有机物与无机物经过火的燃烧或熔炼均会发生性质、成分、密度或形态的变化。人造物质基本都要经过火的加工，如建筑材料——钢铁、水泥、玻璃、陶瓷、塑料、燃料油等；而生命物质基本上要经过光的照射，并保持一定的温度，"万物生长靠太阳"。火是核心而稳定的，光磁是表面而运动的，本文所称的火不限于可见的明火，对于可燃的物质或暗火均统称为火，如碳、氢、硫、磷等元素。离开核心的火，就难以谈星球、种子与原子核等有形实体；离开光磁就难以谈运动变化与规律，因为只有光磁才有波动性，才有振动规律性，才有能量与信息的交换。

那么有人会说，古代人书写文字一样可以传播信息。书写载体竹简或纸张就是碳氢火圈存在的有机物，时间长了，可能被光解或风化，也就是碳氢火"8"圈自发性破损了。要永久保存，必须要求书写的载体永远有连接在一起的平面体。

光磁火"8"圈既是开放时接收环境同频率波圈进行外循环必备的基本元素，也是相对闭合时进行内循环从入口到出口分解吸收逐步运行并增强或削弱的必要过程。光照明亮的一侧与阴暗一侧形成的分界线或光磁源发出波圈叠加形成横向与纵向聚集体，构成一个又一个动力"泵"核心，推动光磁火"8"圈界面运动。动物以心脏、脉搏、大脑为"泵"核心；植物以枝干、枝叶、根系的交叉处为"泵"核心；地球大气与海洋水气循环以高山、冰川、火山以及海底沟槽火山口为"泵"核心。它们形成"一张一合""一吸一放"的内在力量，促进内外环境的交流与融合，就构成了光磁火"8"圈有规则有节律的循环运动，也构成宇宙日月循环有规律进化的机理。

光磁火"8"圈至少分三层。按能量变化分，光磁火"8"圈核心层为火圈层（有两端）、中间层为磁（电）圈层（有相对闭合圈层），外围为光圈层，一端附在磁（电）圈层，另一端形成线对外或对内发射。按物质结构维度分，分为电（磁）圈、火（气）圈与固（碳）圈三圈，随"8"圈转动而出现明暗不等规律变化。光磁火"8"圈层级越多或光圈层越弱或反光，则该圈层存留的时间越长，稳定性越好。由于光磁火"8"圈是不断转动而变化的，因此产生我们日常所见的物质运动或意识形态的改变。

光磁火"8"圈中心往往是由频率高、波长短且能量大的源所组成，要么是反射外围圈层"凹面"聚焦而成，要么是内圈层同频率波圈叠加而成，形成由小到大、由强到弱不断变化的源头。内层为火体而相对稳定，中层为电磁面而相对流动，外层为光线而相对快速；光磁火"8"圈外围光磁一旦钝化或弱化，也就是说像原子一样，其核质子或电子减少，而中子变多，就可能相对稳定下来，光沿圈层表面循环增加，难以发散，其有形体生命周期就会增强。比如没有离子化的无机物金属类、非金属类，或河流淡水或海水等容易长时间保存下来。而表面粗糙的物质或被氧化的物质比较容易被光降解，消失在空气中。

光磁火"8"圈可以以非常小的光将其激活，因此有"星星之火可以燎原"之说，越是属于火能源类的物质，越容易激活，产生圈层运动，形成光、电磁、火等我们可以感觉到的运动形式。几乎所有的变化都是由光磁火"8"圈所控制，火箭、飞机、汽车及动物运动或生物生长，日出、日落、雷电、暴雨、台风、地震、水流、污染等均离不开光磁火"8"圈能量的变化。

地壳表面薄薄的圈层为何不能被地核、地幔高温翻滚的熔浆融化而塌陷，主要也是由于光磁火"8"圈表面快速运动结构形成"一张一合""一吸一放"变化，如阴阳晴雨、冷暖交替、日夜循环以及厄尔尼诺和拉尼娜现象等。地表的水圈可以覆盖地壳大部分区域，也就是氢火光磁"8"圈可以保持相对闭合状态，因而保持地球形态相对稳定地旋转运动。

总之，光磁火"8"圈是一个全新的概念，可以容易解析物质与意识、客观与主观、运动与变化、普遍联系与变化发展、有与无、生与死以及代际变迁的规律性等系统性的哲学问题，也可对自然环境的演化、环境污染的治理以及人类美好生活的向往提出原则性或一般性的指引，具有一定的较强的现实价值。是否得体，请各位同仁批评指正。

本书许多论点都是作者基于前人的表述而独立提出的个人观点。作者提出了世界不同层次的万事万物都具有不同层次的光磁火"8"圈，通过"8"圈层与不同内外环境的交集演化产生出万事万物以及相应的遗传变化以至哲学层面演化的设想。本书通过大量事件解说来论述其设想但未上升为严格的理论，有待进一步提高深化。年轻一代科技工作者能用如此大视角、深入独立的思考去研究客观世界很值得推崇。

宋坚华 教授

中国电器科学研究院

2019年1月28日

自序
Preface

**试论物质世界的
存在与演化**

　　一本好书犹如一幅美妙的画，简洁明快，扣人心弦；一幅好画犹如一本美妙的书，意境高雅，回味无穷。音乐的美好在于其优雅的旋律，旋律与人的心跳一致会诱人愉悦。伤心的旋律总能打动人，因为你最想得到时而得不到，悲剧爱情、伤痕文学、悲情音乐是人类永远说不清、道不明的话题，会影响一代又一代人。以故事形式简单明了说明问题的东西总有持久的生命力，同样以数学逻辑推理表述的公式、以优雅线条展示的建筑文化等也可引人入胜。人类需要简单快乐的生活，在轻松愉快的环境中、在美妙悠闲的风景中、在充满激情的氛围中生存更能感受到幸福。世界上许多事情就像塞万提斯的《唐·吉诃德》将严肃与滑稽、悲剧与喜剧、生活中的琐碎庸俗与伟大美丽水乳交融在一起。爱因斯坦认为，理论物理的公理基础不可能从经验中提取，而是必须自由地创造出来，经验可能提示适当的数学观念，可是它们绝对不能从经验中演绎而出。本书将纷繁复杂的世界尽可能简单地描述与分析，以寻求经得起实践检验的真理，希望可以引起共鸣。

自然之所以存在，是因为具有一定形态，也就是一定波长的有形实体，每一个实体并不一定是连续波长的，也存在跳跃式的，但可以相互融合、吸收或反应。能级近的物质转换速度快，能级远的则转换速度非常慢。纷繁复杂变化的世界就像一只只盘旋在高空的老鹰，时而俯冲，时而升空，变幻莫测，但有一对对旋转的双翼如同快速转动的光磁火"8"圈（本书的"火"指具有火性质的可燃物质或明火），在空中不断地画曲线，从而呈现出一点点、一片片生动有趣的自然景观。

实体粒子具有自旋、能量与能级，相互联系的存在总是能级相近的。我们已知的物质在宇宙中只占4%，还有95%以上的物质的存在形式（即暗物质或暗能量）是我们根本不知道的。宇宙在加速膨胀，并需要新的能量不断补充，新能量来自哪里？量子纠缠表现在相隔非常远的两个量子，一个出现变化，另一个几乎在相同时间内出现相同的形态变化，这是不是巧合？量子纠缠传导的速度，至少4倍于光速。自然界实体物质容易感知或验证，但虚体存在难以验证。虚实是否同时存在，就像我们古人所说的矛盾同时存在呢？

楚国有个人在大街上卖长矛与盾牌，为了招揽顾客，他举起盾说："我的盾相当坚固，无论什么矛都刺不穿它。"

可还是没有人来买他的盾。他又说："我的矛锋利无比，什么盾都可以刺穿。"有人问他："用你的矛刺你的盾，结果如何呢？"那个楚国人哑口无言。这说明任何东西有它强悍的一面，同时还有虚弱的一面。也就是说，黑白同时存在，不能同时起作用，有时间先后次序才能构成存在的本源。

人类有意识以来，就因为看到、听到、感觉到某些事情，便一直去追寻，去探索，尽管目标是虚无的，但一直未放弃。何为目标？目标就是本书所称的"盾"，体育运动吸引人，一是因为它追求的高、远、快、准，无一不是尺度——目标"盾"，足球、篮球、高尔夫球、射箭、射击追求的是纯粹的准，羽毛球、乒乓球追求的是又快又准，田径追求的是快、高、远，最终目标确定无非是某点（圈）或某线，这些目标是公开的、透明的，大家可以直接评判的，目标就是显而易见的，可以称之为"盾"，盾的存在，是因为从大范围最终汇集到一个点。

何为"盾"？盾就是圈层或密闭的空间，相对固定的，并不是捉摸不定的，是可控的，可以以此为标准的，也就是物理学所称的"参照物"。既然是物质，物质就是我们所见的具有密闭空间的有形体。一旦空间密闭，就会出现有形；一旦空间永远不能密闭且速度飞快，就会出现无形、无影无踪。密闭的空间称之为"盾"，盾具有循环性、相对固定性，可以测量和评估；不能密闭的时间称之为"矛"，矛具有源头性、方向性、流动性，变化性大，难以测量与评估。虽然相对论将光速设定为恒定值，但比光速还快的是量子纠缠速度——想象力。因为波长接近直线时，其速度是无限快的，快得使人难以感觉。矛就像光波瞬间消失，瞬间闭合，难以捉摸，也就是说时光隧道无限小时它的行进速度是无限快的。时间是矛，空间是盾，矛与盾的演化就构成了矛盾。

矛盾论对运动变化解析相对容易，比如社会的发展一方面要求其向美好的方向快速变化，但美好的事物往往归结为美食、美人、美景等稀缺资源。变化越快人的心理难以稳定，可控性越差，作为控制的人又希望事物发展有序、稳定，需要有盾的力量与厚重，变化相对小一些，人的心灵会安宁一些，舒畅一些。如何处理"鸿毛与泰山"的矛盾关系，将单极世界转变为多极世界一直以来是人类社会发展面临的难题。

法国哲学家笛卡尔唯物主义论"世界是物质的，物质具有第一性即客观性，意识具有第二性即主观性，物质决定意识，意识反作用物质"，对物质与意识的概念做了明确的划分，但将其划分为"唯物"与"唯心"有其局限性。物质"质点论"不能完全解析光的波动性、意识的无限神速性。比如我的一个朋友在美国，我在中国坐在家里，听到他那边传过来的声音或看到传过来的图像，瞬间就会对他那边的情况产生反应，并进行沟通，如果以物质的质点性来解析，难以如愿，但以波动性解析，非常容易。

物质与意识并不是先天就存在对立的，首先是相互联系的，其次才是反射对立的。所有的反射对立可以跨越时空而通过记忆虚幻存在，只不过虚幻的东西是光影的重现，也就是平面的复制与翻印，难以表现为立体的事物或生命现象。从这方面来说，物质与意识的关系表现为立体与平面、现实与虚幻的关系，可以这么认为，意识就像一面镜子，反射或记忆现实中的方方面面，并在不同的时空环境中再现。几乎所有的光电磁产生的信息都与意识联系起来，可以倒转，穿越时空隧道，包括我们人类的生物电——大脑的功能亦是如此。由于人类观察事物的角度不一致而导致真理与谬误不断出现，最终只能通过实践来检验。但实践检验的工具与时间的差异又会导致人类检验真理时总是具有局限性与阶段性的，因此，对无法检验或说清楚的问题只能通过占卜或崇拜信仰来解决，但不管怎样，模仿与复制趋同是生物界最基本的生存与观察事物的方式。这也与物体出现同频率的共振现象或过程，即"自发性自组织现象"类同。

从宇宙创生到星球运行，再到生物代际遗传以及个体赖以生存的相生相克现象，存在均轮（圈层或可依赖界面）与本轮的关系，自然界的圈层效应总是以大圈层套小圈层，由小圈层不断扩大到大圆锥圈层直到另一界面而分散消失，也可以认为是该圆锥圈层或圆锥磁场体内压小于外压使得圈层对称性破裂而消失。圈层的形成起初总是光滑且极具有弹性的，事实上是内外环境的分割线具有能级差；没有能级差是难以分层形成圈层的；几乎所有的能极差圈层都是由极小端不断对外发射波圈并反射而形成的。小圈层是大圈层闭合的两端不断旋转拉伸而分化出来的，旋转越快，分化的数量越多，同时其张力或逆反力越强，构成新物质的可能性越大。这些小圈层就像一个个小单位圆前后相接，构成一个面，在分化中成长、破灭、再生。宇宙问题就是弦与波向两个极端近界面向内成球呈圈层，向外远离界面成直线扩散的表现形式，这就可以称之为光磁火"8"圈。内旋成球、外旋成线构成生生不息的宇宙体系，因而它们是普遍联系的，这是否是多普勒光谱近界面蓝移、远界面红移的结果？

旋转越快的横向平面圈层，形成垂直于该平面的纵向扩张力也会越大，其向内传播轴心力也会越强大，更容易与同频率的另一界面融合，形成更大的立体圈层，从而发展变化成立体形状的有形物质。犹如对流传质传热的变化，正反叠加，则圈层厚度增加。内外波线浓度相差大，杂化强烈扰动大，交换反应小，则易固化，温度就会相对稳定，旋转动力就会逐渐消失，形成有形实体。一旦固化分层，形成更大范围的界面，就会相对稳定地处在某一势能状态上而存在。

量子力学称宇宙有95%以上的暗物质与暗能量，而且这些暗物质与暗能量以涡旋负压的形式存在，推动宇宙的运动与发展；并认为宇宙正在加速向外膨胀，但其理论依据有待证实，其动力来源于何方神圣，至今无法说明。本书将给以一个简单明了的光磁火"8"圈层理论，试图解释上述学说，是否可行，有待实践检验。

本书认为，整个世界的发展也许就是光磁火"8"圈层旋转挤压、拉伸，正转增加光磁火"8"圈层数量，反转增强其质量，不断正转使子体脱离母体而形成新的遗传代际过程。光磁火"8"圈层犹如在外层出现一个横向局部的电磁盘，一旦上下对立并旋转，就会形成盘之间的纵向沟通与交流，就会推陈出新、层出不穷。自然界的自我修复与自生自灭均是光磁火"8"圈层发散与聚合的过程，其中火是所有有形物质存在的基石，而不能简单地认为蛋白质是生物存在的基石。

本书认为，圈层界面的闭合状态并不是均匀分布的，总有一个或几个缺陷口或出入口，这些缺陷口或出入口封闭越好，对外交换信息或热量越小，其自身可保持寿命强，但交换越小其变化也会越小，被外环境同类型的个体同化或消灭的可能性也会越大，但被它消灭的又难保持其自身的个体，必须正反相向地加强磨炼，方可适应环境。也就是说，圈层对内成球（圈）为自保，对外成线为依靠，似乎与狭义相对论四维时空质量乘速度类似，内为质量，外为速度，只能在适当的条件下稳步推进方可克服困难，最终达成目标。

本书还认为，自然世界是以光磁火"8"圈为中心的，而人的意识总是以自我为中心的，这两种不同结构的中心不仅是物质与意识的区别，而且是两大中心的对立，包括托勒密最先提出的地球中心与哥白尼提出的太阳中心论战。当人的自我中心或欲望极度膨胀时，其认识与改造自然火圈中心能力也会越强，那么造成自然火圈中心的伤害也会越强。如何协调这种关系，只有持续协调发展，客观地认识与改造火圈中心，实现地球表面圈层的平衡运行，才能避免自然火圈中心的报复，这也是本书反复提出的解决矛盾方法的最终策略。

由笔者对物质运动近三十年的观察与思考，形成分析和解决问题一系列的习惯，借鉴前人特别是西方哲学家与自然科学家的思想，紧紧围绕光磁火"8"圈层界面这一运动模式，一张一合，一起一落，动静结合，试图用简单明了的思考方法来解析复杂矛盾的自然现象，可能存在这样或那样的不足或缺陷，希望广大同仁批评指正。

本书承蒙中国电器科学研究院宋坚华教授、中国科联经济发展研究中心胡长霄研究员、中国科学院化学所卿红玲研究员的热情帮助和指导，不胜感激。也衷心感谢中国科学院地球化学研究所彭平安院士、中国环境规划研究院王金南院士给予的支持与鼓励，以致我能顺利完成撰写工作。本书的出版得到广东省未来预测研究会的大力支持，在此致以衷心的感谢和崇高的敬意。

李亚南

2019年1月28日

目录
CONTENTS

02 第二章 圈层运动的生物学思考 \ 113

目录
CONTENTS

01
CHAPTER

第一章
圈层运动的
哲学思考

天若有情天亦老　人间正道尽沧桑

当今，客观物质世界以唯物论战胜唯心论，以辩证法战胜形而上学取得了决定性胜利，但物质世界形成、生命产生、宇宙演变、静止与运动、存在与演化的争论从来就没有停止过。从宗教的特创论体系到古希腊哲学的柏拉图体系、达尔文进化论体系，再到麦克斯韦电磁论体系以及爱因斯坦相对论体系，对宇宙万物的认知五花八门、层出不穷。本书将从圈层界面的正反合的存在与变化解析物质与能量、存在与演化、形状与变化、遗传与变异、周期演变与更新换代，探索物质运动与能量变化的新特征、新规律。圈层界面以光磁火"8"圈波线的存在与变化为主线，可以将其运用到自然现象与社会生活的各个方面加以解析。因为进入光磁火"8"圈内循环的波线可以成球，消耗最少的能量而得以永恒，而遇到阻力发光发热就会重新发散，对外成线产生熵增，使得波线分离更彻底、更纯洁，传递得更远，影响更广泛。

光磁火"8"圈层犹如在外层出现一个横向局部的电磁盘，一旦上下对立并旋转，就会形成盘之间的纵向沟通与交流，就会推陈出新、层出不穷。只要能推动光磁火"8"圈转动，就可能形成能量。因此，看待一个自然界的物质，光磁火"8"圈内静止不动的可以认为是物质，圈外总是运动变化的就是能量。或者说只有横向两个端点相对集中的就是水；有一个端点集中，数个端点在纵向方面集中的就有可能形成火。水平行向外扩张，火朝上也会向外扩张，但容易激活同类形的线形或平面波圈，从而推动具有核的物质元素运动。受外环境被压缩的波线就像弹簧越密集压力越大，那么其潜在的反作用力也越大，其影响范围也就可能越大。用哲学语言来分析，就是光磁火"8"圈波线物质为自洽，输入外界的小光磁火"8"圈波线能量越多，那么其吸附构成自身的光磁火"8"圈波线越密集，压力大对外的反作用力也就会越大，就有可能出现对称性破损，产生巨大能量快速释放以维持其平衡而进入自我修复状态，犹如生物进入免疫功能状态。整个世界的发展也许就是光磁火"8"圈层旋转挤压、拉伸，正转增加光磁火"8"圈层数量，反转增强其质量，不断正转使得子体脱离母体而形成新的遗传代际过程。

增强光磁火"8"圈层强度只能来源于外界的同频率能量波线，接收波线等于吸收能量，可以促进光磁火"8"圈层体积增大或线圈循环速度增快，线圈循环速度增快可以使得波线纵向受到挤压，波长减少，波峰与波谷增加，最终使得其内能增加，对外的动能会减少，那么就可能被固化或杂化，呈现相对稳定的有形状态或原始的初始状态。

如此看来，整个宇宙界充满了许许多多的光磁火"8"圈层。一些是三层的，大部分是三层以上的，其外围被更大波长、更低频率的圈层所覆盖，只是波长太长或频率太低，现有的检测仪器无法观测到，大波线圈包围次大波面圈，再包围较小的体圈，就会构成一系列的个体，相互联系相互依存。光磁火"8"圈层旋转越快，收缩越快，其成为有形个体的机会越多。对生物或天体而言，黏稠度或密度越大其内能也会越大。光磁火"8"圈层的存在刚好说明一个道理："皮之不存，毛将焉附。"

一、科学家对本源——光磁火"8"圈的看法

爱因斯坦认为，聪明的傻瓜经常把事情搞得越来越复杂，而相反的工作则需要一点天分与巨大的勇气。

（一）哲学上看待存在的意义

存在就是光磁火"8"圈层级增加，有形显现；光磁火"8"圈不断变化，有核波构成相对静止的原子——物质，无核波构成永恒运动的光电磁火——能量。不平衡是运动单向性的根源，也是不断扩张边界的基础，是能量变化的基本形式；平衡是相对静止的根源，也是物质个体稳定的基础，是物质存在论的基本形式。

哲学认为，世界是运动与变化发展的，从运动速度最快的光速到运动速度最慢的附着有形物，均可以看成是有核的波与无核的波。有核的波可以认为是密闭圈层原子实在体——物质，运动变化较慢；无核的波可以认为是开放圈层变化体——能量，运动变化较快。有核波与无核波可以同时存在，也可以分别存在。有核波构成自然界所有的有形实体光磁火"8"圈层，如星球、原子、生物体，可以认为是杂化的无核波聚焦体。无核波可以认为主要是由氢与碳燃烧形成的火波圈而产生的，可以相互贯通与衔接。因为自然界中最常见的火是氢火与碳火（当然还有钾火、钠火、硫火、磷火与固体物摩擦火、电火等，但非常少）。如太阳是由氢与氦燃烧而成，而且氢占世界所有元素的90%以上，碳是所有生物体链接必需的元素，它们燃烧的是水和二氧化碳，都有氧圈层，可以对外辐射光，可以形成圈层与圈内外进行交流产生运动。无核波以能量形式推动事物的变化，有核波以物质形式稳定事物的特性可以分辨，前者是物理数学可以解决的问题，后者是化学可以解决的问题，因为其涉及元素。更多的无核波以无线电波、

可见光、红外线、紫外线及 α，β，γ 等射线出现，有核波则以 118 种化学元素出现，但所有化学反应均要通过能量变化而进行。

　　古希腊哲学家认为一切物体的形成均是斗争摩擦出来的，斗争出现必须是曲线的相交，相交就会有贯通、联系，由弱变强，再由强转弱，直至消失。"分久必合，合久必分"，这是社会现象，也是自然规律。物极必反，反躬自问均说明这样一个道理。

　　哥白尼所称的"水平圈"与罗马人所称的"分界线"，都是上帝的一个"圈"，生命就是一个"泡"而已。地球与太阳运动均存在不均匀性，说明运动远离时波会拉长，接近时波会缩短。不管是毕达哥拉斯提出的"中央火"，还是阿里斯塔克明确的"日心学"观点但因无法证明，最终被托勒密的"地心学"所压制，一直到哥白尼提出"日心学"才完全纠正"地心学"的错误。因为《圣经》中的"地心学"与哥白尼的"日心学"相矛盾，使得其经受折磨与摧残。太阳是宇宙之心灵，天穹之主宰，洞察万物之圣灵。整个球面天文学所称天穹是存在的，不闭合的线具有无限的特性。地球绕轴自转与公转，太阳绕轴运转，轴到底是什么？亚里士多德认为，球体按其基本性永远在圆周上运动。西方哲学家认为，球形是永恒运动的根源，是一种没有暴力或损耗的运动，也是一种具有自然运动物体所共有的运动。那些认为上帝创造之初提供其永远运转的初始冲力，与牛顿说的上帝推动地球运动如出一辙。上帝推动力存在吗？本书将逐一解开这些谜。

　　假设世界起于无形的波，而波出现两极分化，一极扩张成近直线，两端无法合并，另一极两端会因频率或波长相一致而闭合形成圈层（下简称"8"圈）。首先是单圈，单圈存在也必须有沟通内外的波线并呈现平面运动，然后出现正反两向运动的双圈，双圈内外摩擦会充实圈层间的波线而杂化，当出现不平衡单一方向运动时，使得其对称旋转产生运动，形成有形个体的橄榄球圈。作为橄榄球圈由内到外再到内的似电子圈层波，其旋度越大，截面对内的重叠会越多，中心区的散度越大，越容易形成原子核，个体就会越不稳定。中心圈与外圈均存在一定的方向性，难以饱和，但中心轴可以形成闭合圈进一步成长。闭合圈外圈单一方向旋转不断向内压缩，内圈单一反方向不断向外膨胀，而中心轴因方向不一致出现杂化形成饱和稳定状态。当膨胀速度大于压缩速度时，个体就会开始形成并长大。

膨胀与压缩涉及波的外旋与内旋，内旋成圈（向心力作用），外旋成线（离心力作用）。这就构成火光磁与光正反运动形成圈中轴变化，圈内外均由线与外界联系进行沟通，促进大圈层中轴的扩张与发展，个体长大，直至内外圈层因外圈层波线萎缩，难以与外界交换，使得个体圈层中轴固化而消失，失去活性而灭亡。

由于波运动方向的单向性，其运动趋势总是由短波向压力小的长波方向运行，因为长波遇到的阻力与压力最小。个体圈层波与外环境波梯度一般由短波向长波方向由小到大形成螺旋波，难以闭合，人的感觉能力无法察觉，因为它没有形成反射面。当其遇到阻力就会出现长波收缩变成短波，就会出现两个正反方向的混合波，这样波开始闭合，人的眼睛和其他感觉器官会对它形成反射，变成有形实体，就像电子层一样由小变大再变小，如原子、生物个体、星球等。

这种类似弹簧一样的螺旋波受挤压或反复斗争摩擦极易形成闭合电流，就像麦克斯韦所说的变化的电场产生变化的磁场，变化的磁场产生变化的电场。磁场以体向外变化，电场以面向内压缩形成势的形式出现，先外旋后内旋再交互贯通形成正反两向的有形个体几乎是所有原子、生命体、星球形成的基础。在形成过程中总出现从0到1的过程，即从无到有，从量变到质变的过程。

下面先从哲学上或数学上对0或1存在进行分析。任何事物都有正反或正负之分。同频率波长正反相交为0，相同正负数相叠加为0，也就是说在同一条线上（同一单位或类型）可以用加减法来运算，而在同一面上以乘除法来运算。同一线主要指在同类高纯度的物质叠加，适应于一定时间；同一面上指单一或多层面积的圈层，适用于一定的空间。那么爱因斯坦所谓的曲面时空、四维时空用什么方法来表述呢？加减乘除的基本数学方法都不能将其表述，看来还得创造另一种方法来表述，最起码只能靠人的直觉来表述了，简单想象就是用分与合、有与无、动与静等矛盾观点来阐述了，因为我们运算、绘画、记录等基本上是在同一平面上进行的，若是动态的就难以在一张图上分别表示出来了，需要多张图，要有一定的参照物。当然涉及矛盾运动的观点还有阴与阳、水与火、大与小、生与克等不同内容，整个世界就是在矛盾斗争中成长壮大的。

所有矛盾的东西总是存在一定联系或关联，这些联系在数学上可以用数学语言关系式来表达，在时间上用光线运行的光年来表达，在空间上用可依赖的界面（有形实体）来表述，这种可依赖的界面可以表述为能量包或量子包的转移、变迁，也可以用火（光磁）圈层来表述。因此关联总是存在线、面、体的相交，相互平行的线、面、体是难以产生关联的，也是我们觉察不到的。信息是能量高级形式的表达，信息的传递、接收、反应都是以一定的能量波或量子包来沟通传递的。我们比较容易理解的是光、电、磁、火的传递、沟通与反应。

光、电、磁、火等均是能量的表现形式，那么它们又存在怎样的联系呢？首先它们都具有连续性，都有源头。光是原子圈层循环碰撞电子从高能级向低能级跃迁的结果，既包含电子与电子之间碰撞发射长波辐射，也包括原子核与原子核之间碰撞发射短波辐射。事实上都是氢、氦、碳等可燃物质燃烧形成火圈层产生不同波长的波线，既有可见光，又有不可见光，甚至是 α，β，γ 射线等。光包含粒子性与波动性双重属性，属于电磁波。电磁波信息圈范围非常广，包括所有的无线电波、微波、可见光、红外线、紫外线以及 α, β, γ 射线等（表 1）。

表 1　电磁波信息范围

范围	波长 (cm)	频率（Hz）	特点
无线电波	$10^6 \sim 10^{-2}$	$3 \times 10^3 \sim$ 3×10^{10}	无线电波的波比较长，所以无线电波能够沿地面传播。无线电波是指在自由空间（包括空气和真空）传播的射频频段的电磁波。无线电波引起的电磁场变化又会在导体中产生电流。通过解调将信息从电流变化中提取出来，就达到了信息传递的目的
微波	$10^2 \sim 10^{-2}$	$9.1 \times 10^9 \sim$ 3×10^{11}	微波只能沿直线传播。当微波辐射到物体上时，将产生显著的反射、折射，这和光的反射、折射一样，能够像光线一样直线地传播和容易集中，即具有似光性。这样利用微波就可以获得方向性极好、体积小的天线设备，用于接收地面上或宇宙空间中各种物体发射或者反射回来的微弱信号，从而确定该物体的方向与距离。微波的波长与无线电波设备尺寸相当的特点，使得微波又表现出与声波相似的特征，即具有似声性
远红外	$3.0 \times 10^{-3} \sim$ 10^{-1}	$3 \times 10^{11} \sim$ 6×10^{12}	一切温度高于绝对零度的有生命和无生命的物体时时刻刻都在不停地辐射红外线。当远红外线辐射到一个物体时，可发生吸收、反射和透过。但是，不是所有的分子都能吸收远红外线的，只有对那些显示出电的极性分子才能起作用。水，有机物质和高分子物质具有强烈的吸收远红外线的性能。当这些物质吸收远红外线辐射能量并使其分子、原子固有的振动和转动的频率与远红外线辐射的频率相一致时，极容易发生分子、原子的共振或转动，导致运动大大加剧，所转换成的热能使内部温度升高，从而使得物质迅速得到软化或干燥。红外线共振是构成生命物质的基础
中红外	$6.0 \times 10^{-3} \sim$ 2.5×10^{-4}	$6 \times 10^{12} \sim$ 1.2×10^{14}	
近红外	$2.5 \times 10^{-4} \sim$ 7.8×10^{-5}	$1.2 \times 10^{14} \sim$ 3.8×10^{14}	

（续表）

范围	波长 (cm)	频率（Hz）	特点
可见光	$7.8 \times 10^{-5} \sim$ 3.8×10^{-5}	$3.8 \times 10^{14} \sim$ 7.9×10^{14}	可见光按一定的比例混合得到白光。如蓝光和黄光混合得到的是白光。同理，青光和橙光混合得到的也是白光，光学中的三原色光为红、绿、蓝。当太阳光照射某物体时，某波长的光被物体吸取了，则物体显示的颜色（反射光）为该色光的补色。如太阳光照射到物体上时，若物体吸取了波长为 400～435nm 的紫光，则物体呈现黄绿色。黄绿色的树叶，实际只吸收了波长为 400～435nm 的紫光，显示出的黄绿色是反射的其他色光的混合效果，而不只反射黄绿色光
近紫外线	$3.8 \times 10^{-5} \sim$ 2×10^{-5}	$7.9 \times 10^{14} \sim$ 1.5×10^{15}	紫外线的能量和一些分子能级类似，因此其化学效应往往比较强，虽然其电离效应在物理上不如 x、γ 两种高能电磁波，但生物效应却很明显，但其穿透力要差许多。紫外线和可见光一样是一种包含着各种波长、相位、振幅的光，具有光的干涉、衍射、色散等现象。紫外线也沿直线传播，遵守光的反射定律、折射定律和透镜成像原理，紫外线的光子能量比可见光的光子能量大
远紫外线	$2 \times 10^{-5} \sim$ 1×10^{-6}	$1.5 \times 10^{15} \sim$ 3×10^{16}	
x 射线	$10^{-6} \sim 10^{-8}$	$3 \times 10^{17} \sim$ 3×10^{19}	对于 x 射线，除了某些特殊物质，比如说某些晶格常数恰好是它半波长的整数倍的一些晶体容易产生衍射，其它情况也和 γ 射线类似
γ 射线	$< 10^{-8}$	$> 3 \times 10^{19}$	对于 γ 射线，其波长远远低于原子尺度，因此对各种介质其穿透能力都很强

（续表）

范围	波长 (cm)	频率（Hz）	特点
α 射线	—	—	α 射线是核（He），质量比较大，一般是由一些不稳定的同位素进行α衰变而产生的，因此其能量有限，α粒子的速度也不大，它又是带电粒子，容易和介质中的电子、原子核产生相互作用，穿透力一般十分有限。一般不能穿透一张纸，空气中也就几十厘米。加速器里面加速后的α粒子，能量可以很高，但在同等能量下，其穿透能力和其他射线相比也是较差。 正因为α射线容易和介质的原子核和电子相互作用，所以它比较容易导致介质电离，同等能量情况下，其电离能力差不多是最强的
β 射线	—	—	β 射线是电子，电子太轻了，荷质比很高，所以电子很容易和介质产生相互作用，产生散射、衍射、外层电子电离等现象；但电子质量比α粒子轻很多，因此往往它的速度很高，穿透性要比α射线强，但也强不了多少，因本身带电质量轻，一般也就是穿透一层玻璃的厚度；能量不是很高的话，一般人体皮肤能形成有效防护。 其电离能力比α射线弱，也是因为它质量轻，发生散射等现象的时候，传递给介质的能量比较少
中子	—	—	由于中子不带电，快中子不易被普通材料吸收和散射，所以快中子最不容易被阻挡，一般而言其穿透性最强。只有一定厚度（1～2m）的水、一些吸收中子的金属、一定厚度的重金属才能将中子散射减速，或者吸收。 中子本身不容易和外层电子产生相互作用，但快中子能量往往很高，一旦造成电离，传递的能量比较大；中子能从一些物质的原子核中打出质子，质子产生电离现象；中子被一些原子核吸收后，使本来稳定的原子核不稳定，继而发生衰变，在介质内部产生α，β，γ等射线，因此，快中子的电离指数很大

电磁波分布在自然空间中，可以传递信息，也可以依附在火圈上或火圈次生的电磁圈上。由于光波信息圈可以无限拉长，因此，物理学上将光的速度设为恒定值，可以达到 $3 \times 10^8 \text{m/s}$，以方便作为一个参照系去测量运动速度与变化程度。

光是火外圈由内到外不相交的线，电、磁、火是由内到外不相交但闭合的线。热是火的温度表现形式。所有这些线越细越纯，表现的波动性越强，体现出来的旋度也越强；越粗越杂的线表现出来的粒子性越强，体现的散度也越强。由线与线之间交织在一起的规则性与杂乱性不同，会表现出密度、强度不一致。

柏拉图说"数控制着火"。数学就是将看似不联系的事物通过数或线将其联系起来。平行不相交不能形成反射，人的眼睛、感官无法分辨。火燃烧形成的波线一端螺旋交汇就形成光，两端交汇循环就形成有形实体——球。因此，浩瀚宇宙世界就是虚空与实线的交汇与不交汇的总和。由于光线只能由图象表达不能用数表达，因为每个数都存在一个瞬时静态的点，不管是连续的还是非连续的都存在一个静态的瞬时现象。通过闭合圈来反射但不能说明持久动态的变化性，因此柏拉图的"数"具有局限性。如果可依赖的界面源波线不能确定，只能是少数几个交叉点，不能形成高旋度的管道或界面。

因此，可以说交汇点越多、旋度越大，形成界面与管道的概率越高，其能量越大。由于物质波圈具有一定频率与波长，相差悬殊基本不可能交叉汇合，因此有规律运行的事物均具有一定的界面与一定旋度管道的事物，至于那些无规律散发在一定空间的非闭合的物质即使存在，也难以发挥作用。

当前世界上存在两种波线：一种是有核的波线，就是我们经常见到的化学上的元素波线，可以是波线交汇形成的有核有形物质，容易平衡被反射可视；另一种是无核的波线，它只有源头或者难以找到源头，因为它难以交汇，但可以由小到大分层扩张，就是物理学上所称的能量——光电磁声，难以平衡，除光外难以看到，只能感知到。

交汇是宇宙运行的方式，宇宙起源于奇点大爆炸是否应该重新审视？线是物质联系与存在的方式，也是有与无并存的方式；两端交汇形成的圈层是个体存在的方式，也是生物遗传与再生的方式。交汇运动的同时又是发散的过程，因为圈层向内向外同时对称存在，才能保证宇宙存在一个常数，而且这个常数非常接近于"0"。"0"既是圈层又是无，"1"既是有，又是无法闭合，难以察觉的，这就是矛盾的关系。这里的"0"与"1"是两端闭合与一端闭合的关系，是形象用语，并不是实在物。事实上，在"0"外圈有许许多多的"1"，就像动物长毛、植物长叶一样，形成圈层同时向外扩散"1"，也像古希腊哲学家认为的均轮与本轮一样，但扩散的"1"离系统外某一系统而去，又同时可能进入另一系统而来。一旦进入这个系统就可能产生巨大的变化，形成新的圈层，像精子进入卵子一样传宗接代。如，人类的精子就是无数个"1"进入一个卵子"0"，从而合成新的"1"或"0"。

因此可以说，宇宙起源于波线常数"0"，对内成圈，对外成线，由小到大同时又由大到小，向内变杂向外变纯。杂则"蓝移"趋近，纯则"红移"趋远，对称而生，不对称而亡，循环往复下去。对称存在的圈层总是纯洁且波长短小，但频率是快速的，那么其动力非常足，显示出生机勃勃。初生的动植物总是那样令人赏心悦目，人见人爱，因为它起于核心的纯一与明快，其对外成线是非常活跃的，只要稍稍一激就会反应，产生共鸣与依赖，其亲和力非常强。这也许可认为世界是一个由弱到强、推陈出新且不断被激活，新事物不断战胜旧事物的过程。

亚里士多德提出目的论，好像就是火光出现、波圈被激活的地方或神存在的地方。事实上是我们能观察的闭环，即有形物质，而笛卡尔提出的否定目的论，认为人的思考方式，既是光的开环——思想意识，又是一束光，故提出"我思故我在"。如果世界是一个整体，就存在一束光穿过"0"对半分，成为新的事物，内旋旋度小于外旋旋度，并使内外交流的波线均匀增长，层级增加，事物又会膨胀长大。对半分的事物无限循环，也是一个整体。对半分可以看成一个圈层两端被闭合，从纵向旋转一次，那么其波圈就会变小一次，数量就会增加一倍，好像细胞分裂一样。

当光从"1"进入"0"后，开始分叉与分层，叉是反射、折射、衍射等造成的，这些放射越强烈，光的频率就会越不一样。当细分到极致，就会出现近频率的射线，这些射线因为能级相同或相近，又重新复合，形成新的曲线与圆圈。同时原有的曲线与圆圈，要么是子圈层破裂，其形成不闭合的线圈，被周围大波圈融合衔接，使得本波圈线汇集增强，个体中轴层级聚集杂化变厚，体积增大；要么是子曲线圆圈膨胀促使其向外扩大，密度减少，有可能消失或死亡，如此长此以往，不断出生、成长、灭亡，循环往复。

（二）自然科学上看待存在的意义

世界的发展、人类的进步均离不开火、电磁、光的不断变化发展，只要有温度或热的增减，就会有宇宙时间的变化与人类的变化发展，有序、有规律地平稳发展是人类社会进步的主要标志，但进步的同时也伴随着散乱与痛苦的出现。

人类历史上三大科技革命也是这样进行的，蒸汽机（火）、电气（电磁）、信息（光）标志科技革命的成功。火、电磁、光都是以能量单位进行计量的，这些也是人类思维沟通交流的有效载体。当能量快速转换的同时，物质也由一种状态转变为另一种状态或从一种形态转变为另一种形态。

　　柏拉图认为数控制着火，道尔顿发现氧气成就了火。水也是火燃烧氢气而成的，而氢又是宇宙界中占绝大部分的元素。火与水均是由氧圈层控制并发展的，火与水共存是地球生物和地表温度保持稳定的基础。风、云、雨、雷电以及地球生物的广泛运动均离不开火与水的运动。火如果以温度来表述又可称之为热。

　　傅里叶热的解析理论将 $1=\sum\limits_{r=0}^{\infty}\arccos rx$，就是将一个整体展开成一个无穷级数的收敛问题。也就是说，对于一个很广泛的一类函数中任何一个函数，都可以相应造出一个三角函数，它在指定的区间内具有与这函数相同的值。

　　火由可燃物、助燃物和点火源三要素构成，缺少其中任何一个，燃烧便不能发生。火燃烧反应在温度、压力、组成和点火能量等方面都存在极限值。在某些条件下，如可燃物未达到一定的浓度，助燃物数量不够，点火源不具备足够的温度或热量，即使具备了燃烧的三个条件，燃烧也不会发生。例如，氢气在空气中的浓度小于 4% 时就不能点燃，而一般可燃物质在空气中的氧气低于 14% 时也不会发生燃烧。对于已经进行着的燃烧，若消除其中一个条件，燃烧便会终止，这就是灭火的基本原理。

　　不管是可燃物氢火或碳火，还是助燃物氧气或氧化剂，都具有自由基的链与圈层，任何链的断裂或圈层的消失，均难以构成火，特别是火向外扩张时形成快速的反射界面构成回路，一旦外环境的氢火或碳火迅速补充，就可以使火越烧越旺，否则就会熄灭。氧气或氧化剂也可称之为风，风太大，也可以使火熄灭。至于点火源可以通过摩擦或外来火引燃。

　　热传播除了火焰直接接触外还有三个途径，即热传导、热辐射和热对流。热传导是指热量从物体的一部分传到另一部分的现象。所有的固体、气体、液体物质都有导热性能，但通常以固体为最强，而固体之间的差别又很大。一般来说金属的导热性强于非金属，大量金属无机物的导热性能又强于有机物质。导热性能好的物质不利于控制火情，因为热量可通过导热物体向其他部分传导，导致与其接触的可燃物质起火燃烧。

热对流是指通过流动介质将热量从空间的一处传到另一处的现象。它是影响早期火灾发展的最主要因素。根据流动介质的不同可分为气体对流和液体对流。液体对流可造成容器内整个液体温度升高，蒸发加快，压力增大，以致使容器爆裂，或蒸气逸出遇着火源而燃烧，使火势蔓延。气体对流则能够加热可燃物达到燃烧程度，使火势扩大。而被加热的气体在上升和扩散的同时，一方面通过快速扩散形成负压引导周围空气流入燃烧区，使燃烧更为猛烈，另一方面还会引导燃烧蔓延方向发生变化，增大扑救难度。

热辐射是指热量以辐射线（或电磁波）的形式向外传播的现象。当可燃物燃烧形成火焰时，便大量地向周围传播热能，火势越猛，辐射热能越强。为了减弱受到的热辐射，可增加受辐射物体与辐射源的距离和夹角，或设置隔热屏障。

对地球来说，热同样在某一界面传导、扩散，地球表面的不同部分不等地受到太阳光线的作用，其作用强度取决于那一点的纬度。在地表以下的某一深度，在已知地点的温度基本恒定，而且这个恒定的温度随着地点离赤道越远，变得越来越低。一条给定的纬线且海拔高度相等几乎所有点温度基本保持不变，因而其上方的植物与动物也基本保持相对稳定。

对受热物体而言，从受热物体表面上任何一点在各个方向上逃逸出来的不同光线的强度，与该方向所在平面所成的夹角相关，也就是说，夹角越小，以长波形式折射，光强度越小。相对应于大气与水域也一样，空气与洋流的温度升高，不断改变空气与洋流的密度，那么其包含的热量也不同程度地发生了变化。也就是说，热使所有固体、液体、气体都膨胀。只要热量增强，其体积就会膨胀；热量减少，其体积就会缩小，热量增加或减少与光波的外旋大于内旋且层级增加成正相关。

空气对外膨胀，低层空气因水陆作用受热后只能通过膨胀来冷却。热源使空气膨胀层级增加，撤掉热源，光热辐射层级减少，体积自然减少。热量增加总是从某个方向增加一种波，光波波长较长，穿透的层级增加，反射、折射多，阻力大，或传导速度快阻力大，均可以使圈层光波层级增加，体积增加。热传导就是将不同温度的物质随着时间的变化，使得小圈层界面破裂被吸收到大圈层，折射与反射逐步趋于均匀，使得热密度（能量）趋于均衡而相同。

所有物体都是通过其表面发射热，它们愈热，其发射愈多，也可认为"8"波圈速度转动越快，发热越多；所发射的辐射线的强度随表面状态膨胀而发生明显变化，从周围物体使得热辐射的每一个面都反射一部分，折射一部分，保留一部分形成圈层。只要在该圈层中积累，从外界积累的光线波圈大于辐射所耗散的光线波圈，温度就可能上升。

德国气象学家、地球物理学家魏格纳的"大陆漂移说"在得到承认之前，他被说既不是地质学家，也不是古生物学家，还是气象学方面的生手，充其量不过是一个冒险家。因此起初他的漂移理论是极度反直觉的，但最终得到科学界的普遍承认。他提出大陆的移动可能是热对流造成的，即地幔的缓慢移动，地幔是地壳之下的发热层，这一层非常灵活，可以在迟缓的洋流中回旋流动，就像沸腾的炖锅，每次翻滚都会使得上层的地壳移动。洋中脊就是地幔中缓慢移动的物质向上推动海底形成新的地壳，在海沟的位置，地壳向下陷入地幔，融化并重新融入熔岩流。洋中脊与地壳一样具有较大密度的圈层，大陆就是被动地漂浮在地幔物质之上。这进一步说明了地球是一个热中心或火中心，且在不断膨胀或分层变化。

现代宇宙体系认为，多普勒波红移是宇宙膨胀的原因。宇宙膨胀只能说明宇宙圈层在扩展，其扩展的动力内因是什么？按哲学理论分析，一定受外因的作用，外因到底是什么？

笔者认为，一方面宇宙体系的某个方向旋度增加，内旋成圈（球），外旋成线，导致进入可知宇宙圈层对称性破损速度加速，另一方面整个宇宙在各个方向的散度也在增加，旋度的增加刚好抵消散度的增加。旋度可以理解为时间光线，散度可以理解为空间波圈。但其同时存在时，就是爱因斯坦所称的扭曲的时空观。从数学上看就是指旋度为"1"，散度为"0"。但"1"又为不闭合的时间为虚；"0"又为闭合的空间为实。当"1"进入"0"之后，就会出现新的"Φ"，使得"0"之外圈层破损，产生新的内圈层。犹如生命的种子，当一束光圈进入种子后，其折射、反射使得种子圈层分裂，细胞分化，使得新的圈层不断分化不断向外扩张，新的小圈层推动旧的大圈层，不断分化，不断扩张，直至大圈层中轴破裂而消失。

这样看来，地球动力内因就会有眉目了，也就是说太阳光往黄道面辐射，刚好是地球运转的平面，其发散到一定程度就有可能收缩，否则难以循环。一旦收缩，就会出现两个极端，两极是低频率大波长的波圈与黄道面太阳光融合，其翻转的长波又与两条范艾伦辐射带处于相同的波长且方向相同，产生融合与驱动作用，从而构成地球运行的动力，犹如翻滚的水在密闭的锅中高温加热而膨胀向上、冷凝向下，上下连通形成循环。但受热集中处的火热波圈强度不变或增强，其持续时间就会增强，否则一旦变弱，整个循环就有可能消失。内因的变化受外因的控制，不管是外因还是内因，均有闭合圈线的增减才能构成动力。

由于圈层分层，使得进入圈层内的光自然分叉，入射光进入比外圈密度大的圈膜必定会反射在两端非闭合处并找到空隙破门而出，使之内外光形成联系且对称运动，犹如出现量子纠缠，构成内外沟通协调的机制，推动有形个体的运动与发展。

内因与外因同时存在，它是事物发展的两个方面，外因决定内因，内因反作用于外因。可以说外因就是一束时间光进入内因闭合空间。那么就可以认为，所有宇宙星球均有杂化的内因，内因中轴越复杂且相对较实，其组成原子核数相对较多，越往外层级越多，其能级较大辐射范围相对较小；原子核数越少，越往外层级越少，其能级较小，但辐射范围可较广。如太阳由氢氦 1～2 个质子组成的原子核燃烧而产生，最外围就是没有原子核的光线圈，太阳发光是因为氢可燃烧性与单一纯洁性，且层级较少，辐射范围较广；行星不发光是其圈层较多，中轴杂化较严重，辐射范围较窄。大圈层套小圈层，大小圈层形成的摩擦又产生光与热。

能量所表现的为火（光磁）圈层方式，均以波线（时间）来进行相互传递。热源的产生与其本身的波线摩擦强度成正比，与层级厚度成反比。也就是说，旋度越大，摩擦速度越快，层级越薄，温度越高，扩张速度与影响范围就越大，如太阳等恒星；反之，散度越大，摩擦速度越慢，层级越厚，温度越低，扩张速度与影响范围就越小，如行星。因此，旋度与流动性、纯度、导热、导电、导磁等能量密切相关；散度与稳定性、特性、密度、原子物质性密切相关。光具有直线波动性，旋度大；固体物质具有圈层闭合粒子性，散度大。

能量是内外波线交换的结果，物质是内外环境相对稳定、波线交换较少的结果。能量总是时间的函数，爱因斯坦质能方程 $E=mc^2$，只说明 c 的含义。c 存在必须是一个时间的量度，是由一个光子点到另一个光子点所需的时间，具有动态的意义。海森堡认为不能在同一时刻准确测定物质的位置与速度，说明波的运动性，速度总是时间的函数。个体是某种波不断重复叠加的过程，或者说是相同频率或波长不断重复与叠加的过程。

人们常见的光、火、烟是频率或波长相近的物质共生的一种表现形式。光是相对纯洁无核波，容易形成光隧道，具有单向性，随光源产生而产生，随光源消失而消失，其变化快、纯度高、杂化度低。

火与烟是有核波，杂化度越高，越可见。火遇到水易形成水汽界面膜，就是我们日常所见的雾与霾。光、火、烟在行进的过程中遇到的有核波越少或通道越明显，其阻力越小，越容易与外界融合，产生的通道入口与出口越明显，有形个体就容易存在。

几乎所有的圈层均存在对称性向内与向外波线旋转聚集与发散运动趋势，这些圈层既不是独立的，也不是单一的，只要其波长足够长，是可以无限传递并融合变化的。其变化的动力来源于同频率外环境融合吸收，以时光这种光波相互联系。时光是一种光波，可以无限向两端延伸且不闭合。若不闭合，人与仪器是难以感知的。由于发散作用，使得距离越近、频率相同或相近的波越容易吸收，并重叠加强，而距离越远、频率相差越多的波圈越难吸收重叠，难以形成界面。但纯度高、旋度大的波圈因其能量大容易进入大空间中为其他波圈吸收，当其进入该波圈时，被吸收的波圈迅速形成真空，负压将其他同频率的波圈引入，吸附进行，产生反应重叠。就像金属或非金属得失电子一样，使得波圈迅速填补空间，使得其波圈运动，形成导电、导磁、导热等。

可以这么认为，进入某波圈的不闭合波，旋度太大，一穿而过；旋度太小，其向外发散的波小辐射小，就无法与该波圈融合重叠，也难起反应，只有频率相同或相近的波才能形成可依靠的界面，使得该波圈生成、长大。

（三）孤立看待世界的缺陷

柏拉图说："数控制着火。"笔者认为，火控制着万物，这里的火主要指具有火性质的元素或物质，当然也包括看得见的明火。火来源于两个以上的磁场与电场的交叉冲突。近年来研究表明，绝大多数物质燃烧的本质是一种自由基的链反应。只要有适当条件引发自由基的产生（引火条件），链反应就会开始，然后连续自动地循环发展下去，直至反应物全部转化完毕为止。太阳系以太阳为中心的火光控制行星的运转，地球以其核的高温熔融体发出的磁圈（等势面）控制月球与其他卫星的运转，地球表面的生物其核心均存在一定的变化系统，将外能进行消化、吸收，产生一定的温度，维持其个体的存在或生存。

火圈以外的物体总是包含一定的波，其波的吸收与摩擦在此产生火花，同频率的波被吸收了，似乎消失殆尽；不同频率的波不被吸收，要么被反射，要么被穿透，难以发生作用。火的存在取决于包住火的圈层界面，圈层界面运动的光速度越快、越厚，其强度就越大，越难消失，就会不断长大，长到一定程度，沿圈层界面的光波长与其内外光波长相等或大于其内外的波长，就像筛子一样装不住水，产生遗漏，那么圈层界面就会慢慢削弱，难以包住火，其个体就会消失。

线是理，是时间变化速度；圈是道，是空间稳定形状；交点是机会，是新生。当直线无限长时，速度必须无限快，否则就会消散。直线从侧面看就是一个点。圈要存在，要么是静止的，速度为零，要么是匀速的，否则会断裂或受阻分裂产生新的线。从物质存在的现象来看，没有绝对意义上的直线，也没有绝对意义上的圆圈，圈总是存在或多或少的内外直线，形成系统内与系统外的循环关系，只有运动循环的线才能成为圈，否则自然的圈是不存在的。圈注入能量扩张形成张力，但同时会产生负压，形成吸力，失去能量自身收缩并吸引外界能量，"一吸一放""一张一合"产生坍塌，形成有形实体。

圈层形成与磁场对分有密切关联，磁场将元素一分为二，在"二"这个界面上就会形成圈层，二又继续分为四，四分为八，只需分八层，元素就会分裂至极小，如氢元素，八层之外就是无核波圈了，即所谓的各种射线。目前地球上元素的原子核质子数（原子序数）只有118，也就是说地球上的元素不超过7层，7层之后就无法继续再分了。

磁场可以分裂元素，同样目前一直在争议的地球岩石层，有科学家说是"火成岩"，也有科学家说是"水成岩"，争论了二百多年，不了了之。撇开地球，其他行星上还没有发现水，那么是否可以否决"水成岩"就是"火成岩"呢？太阳是否是由岩石构成的呢？我们知道它都是由氢与氦元素组成的，虽有火，但不构成岩。有地质学家说"火成岩"是内动力形成的，"水成岩"是外动力形成的，那么它是如何形成的呢？笔者认为，只能是磁场或"8"圈层电磁波，而"8"圈层电磁波只能是火圈相衔接而存在，即氢火圈或碳火圈等，水也是火圈燃烧氢气而成，因此火成岩是构成星球最基本的方式，不管其他星球上有没有水。包括太阳上没有水但有磁场"8"圈层，月球上没有水但也有磁场"8"圈层。是否可以认为，只要有磁场火"8"圈层就有可能形成宇宙星球。

1. 关于物质本源问题

有形固体与其外围辐射波同时存在，科学家的认识也是逐步加深的。笛卡尔提出将物质作为基本元素进行分析的方法，推动了17世纪现代科学的兴起。培根同样提出对学科分类，使每门科学研究越来越深入，但隔阂也越来越严重。也就是说学科分类有其有利的一面，但更多的有其不利的一面。

毕达哥拉斯对本源的看法是，数是万物的本源，数是一种"关系"，它的存在不同于个别物体的存在，关系是万物的原始物质，也就把观念的实在当作是真实的实在。物体与概念是最初级的开端。

赫拉克利特对本源的看法是，"一"由万物而生，万物由"一"而生。他说的"一"，并不是说作为本质的同一性，隐藏在万物多彩的外观彼岸。万物"一"的性质，并非超越物质性与运动性，而是由它而获得。物质的运动，意味着对立物的斗争，意味着对立物的"交换"。"事物的全部，是火的交换物，火又是所有事物的交换物，正如物品之于黄金（货币），黄金（货币）之于物品。""这个秩序井然的世界，作为万人共有的这个世界，既非神所创造，也非人创造。作为永恒的活火，无论过去、现在还是未来，都永恒存在。"

柏拉图对本源的看法是，只要和数学有关，要否定观念就会很难。而且，即便否定了观念，也无法否定"关系"与个体无关、自主存在的事实。

现代观念认为，本源性的物质，只能是数学式的存在。也就是，只能是关系形态的存在。若果真如此，我们就无法判定，终极的根源到底是物质还是关系？也就是到底是点还是线？

广义相对论认为，物体总是在四维时空中沿着直线走，但在三维空间看是沿着弯曲的路径，犹如飞机在三维空间的直线飞，其在地面上的影子总是弯曲的。

开普勒在《宇宙的奥秘》中设想行星由"动机灵魂"驱动，但又发现每个行星运行的速度随太阳的距离增加而减慢，他认为行星在其轨道上被来自太阳的力所驱动，且行星运动轨道空空如也，别无他物。

柏拉图认为，固体是由正多边形的三维体组成，正多边形是由多个相同正多边形围成的一个立体，其中每个质点都有相同数目的 N 个正多边形以相同的角度交会。柏拉图的正多面体有五种情况：正四面体、立方体、正八面体、正十二面体和正二十面体，分别有 4，6，8，12，20 个面。

毕达哥拉斯认为，在演奏乐器时产生和声。同时拨动松紧一致、粗细均匀、材质相同的两个弦，若其弦长比例恰好是两个整数之比，如 1/2，2/3，3/4，1/4，则乐声和谐动听；若是无理数，如 π 或 2 的平方根，虽然高泛音的频率可以任意接近，但两根弦的泛音总是无法匹配，这种声音则会出现杂音。

2. 关于星球运动问题

托勒密认为，每个行星是在一个称为"本轮"的圆周上运行，而本轮中心又在均轮上绕地球运行。均轮是大母圆，本轮是小子圆。哥白尼曾经就计算出行星轨道的相对大小的数值。亚里士多德创立并完成了逻辑学、物理学和形而上学。在 1500 年中，没有人对他的著作进行任何补充，也没有人能够对他的著作发现任何严重错误。开普勒认为，行星的运动轨道空空如也，别无他物。开普勒第一定律推断行星在椭圆轨道上运行，太阳不在轨道中心，而是在椭圆的一个焦点。开普勒还认为，如果你把力用"灵魂"代替，就能得到新天文学中天体物理所依据的原理，引起行星运动的是灵魂，可以注意到以这一动因随着与太阳距离的增加而减弱，与太阳光的衰减类似，可以推断这种力是物质的。

伽利略认为潮汐的运动关键在于地球的运动，由于地球的自转与太阳的公转，海洋中的水来回晃动，地球表面某一点沿地球在其轨道运动方向上的净速度持续增加。满月和新月时出现大潮，半月时出现小潮。为了解释月球的影响，伽利略假定由于某种原因，地球轨道速度在新月（月球在地球与太阳之间）时增大，在满月（太阳在地球与月球之间）时减少。

哥白尼天球相接理论：外圈具有双重的意义，即它同时也是下一个更高行星的内圈。最里面以太阳为中心的圆圈指水星的近日圈，离开太阳向外，下一个圆周既是水星的远日圈，也是金星的近日圈。大圈的轨迹就是小圈的轴心，小圈的轴心总是开放的，开放的口子就是圈内外能量的根源。内外能量交换产生沿大圈运行方向的圈球总是以头（尖）与尾口相连这样的方式行进，因而像光一样具有行进的单一性。

3. 关于原子运动理论

核物理学认为，电子从高能级向低能级释放时往往会产生光子。事实上，能级出现或圈层出现，向外扩张释放光子。若光子不闭合，则分散在周围环境中；若闭合，又形成新的物质，闭合物质存在且要扩张必须紧紧依靠可依赖的界面而成长；而对内收缩，就促进自身的生长，扩张与收缩是同时进行的，扩张越厉害，其收缩也会越强烈，进而出现能量相对守恒。笛卡尔的光学与牛顿、惠更斯的光学无一不是非闭合界面穿越介质而发生弯曲的。光通过水滴折射和反射，当阳光的方向成42°时观察水珠，就可以看到明亮的红光，当小于40°时，就可以看到蓝光，这就是彩虹出现的原理。而闭合界面越厚，其效果越明显。

现代量子力学认为光是一种"光子"无质量的粒子的集合，真的是这样吗？光是电磁场的干扰波，而不是物质粒子的干扰波。爱因斯坦认为光子携有存在于与光的频率成正比的微小能量和动量之中，也是一个基本粒子？

安培认为，磁铁之所以产生和受到力，是因为铁块中存在着循环电流。

麦克斯韦也认为，光是自激震荡的电磁场，但可见光的频率太高，不能通过电子回路产生电流。

拉瓦锡认为，水是由氢与氧结合产生的，空气是多种元素混合构成的，火是由其他元素与氧结合产生的。热可以被理解为分布在大量原子与分子中的能量，此举使物质的原子理论获得巨大成功。当原子发射一个光子而失去能量时，这个光子的能量等于原子初始与最终态的能量之差，同时也确定了其频率。一旦原子处于低能级状态，无法发出辐射而保持稳定。原子是概率波，不是压力波，也不是电磁波，概率波在波函数最大值附近，原子就是粒子。

傅里叶认为，热可以用数学公式推导，运动方程可以解析几乎大部分固体传导与扩散，但对液体、气体等没有详细说明，因为热可以称之为火，除在固体中传导外，还会逐步扩散到液体水或空气中。特别在不同的环境介质中，热的传递面不是平面的，而是有规则的凹面或凸面的，因此傅里叶数学公式所谓平面线的推导也有其局限性。

量子力学认为，电磁场以统一的"弱电"形式出现，连同其他造成相互作用的场，使质子和中子在反射性衰变中相互转换，带电荷的量子有与"8"圈层相似的胶子场，引起强相互作用，将夸克束缚在质子与中子之中。

最后，引用巴斯德说的话："对大自然越有研究，就越会感到造物主奇妙的工作，科学驱使人更亲近神；如果承认上帝的存在，这一个信心实比一切宗教的神迹更为超奇，不可思议。如果我们有了这种信心，这种悟性，那便不能不对上帝下跪敬拜了。"

（四）近代科学系统简单看待世界理论

1. 熵定律是自然界的最高定律

熵定律决定事物的发展方向，能量守恒定律决定平衡。热力学第二定律指引人类社会发展的方向。一副扑克牌由2，3，4直至"小鬼""大鬼"，熵值最低，随着洗牌次数的提高，熵值会越来越大，从有序一直到无序，越来越混杂，由低熵值变成高熵值。就像一块糖放在水里，其溶解不可逆一样。火燃烧不可逆，光发射不可逆。但什么可以循环可逆呢？旋转形成磁场就会可逆。热力学第二定律关于熵的表述：一个系统的熵只会增加而不会减少，除非从外界输入额外的能量。上完发条的钟表熵值会低，随着发条越来越松，熵会越来越高；充满电的电池熵值很低，在放电的过程中会越来越高。时间流逝的方向也是从过去到未来的，往熵增加的方向流逝。

量子力学不确定性原理认为，某些成对的量，比如粒子的速度和位置，不能同时被完全精确地预言。粒子的位置与速度，只有波可以说明。海森伯原理：永远不能同时精确知道粒子的位置与速度，对其中的一个知道越准确，对另一个就知道得越不准确。不确定性解析为，波的干涉相互抵消，异相波波峰与波谷相互抵消，涡旋的形式是不断向外释放光子使得光波越来越狭窄，甚至坍缩；而另一方面同相波波峰与波峰相互重叠，不断加强，使得能量越来越强，实体化越来越结实。

2. 实验去证实本源问题

卡文迪许1767年发表的论文介绍关于水和固定空气的实验，将一个深水井的井水加热到煮沸，发现有固定空气（二氧化碳）逸出，同时产生白色沉淀。他认为白色沉淀和固定空气原先都是溶于水的，它们可能是溶于水中的石灰质土。为了证明这一看法，他在清澈的石灰水中通入固定空气，开始时产生乳白色沉淀，继续通入固定空气后，沉淀复又溶解，溶液再次澄清透亮。这时他将这溶液煮沸，立刻就像井水那样释放出固定空气并产生白色沉淀。卡文迪许的这一实验和他的解释使人们认清了一个常见的自然现象。在石灰岩遍布的地区，含有二氧化碳的雨水或泉水流经石灰岩地层、慢慢地溶解部分石灰石形成重碳酸盐溶液。这些溶液在石岩中缓慢下滴时，可能因温度变化或水汽蒸发，二氧化碳乘机逸去，碳酸钙结晶析出，日积月累，逐渐形成了石钟、石乳、石笋等奇特的景象。喀斯特地形构造有了科学的解释。

卡文迪许最为人称道的科学贡献，首先是他最早研究了电荷在导体上的分布，并于1771年用类似的实验对电力相互作用的规律进行了说明。他通过对静电荷的测定研究，在1777年向皇家学会提出的报告中说："电的吸引力和排斥力很可能反比于电荷间距离的平方。如果是这样的话，那么物体中多余的电几乎全部堆积在紧靠物体表面的地方。而且这些电紧紧地压在一起，物体的其余部分处于中性状态。"与此同时，他还研究了电容器的容量；制造了一整套已知容量的电容器，并以此测定了各种仪器样品的电容量。而且预料到了不同物质的电容率，并测量了几种物质的电容率，初步提出了"电势"概念。

卡文迪许毕生致力于科学研究，从事实验研究达 50 年之久，性格孤僻，很少与外界来往。他的主要贡献是 1781 年首先制得氢气，并研究了其性质，用实验证明它燃烧后生成水。但他曾把发现的氢气误认为燃素，科学家认为这是一大憾事。但笔者认为氢气是自然界最多的有核波，也许它的存在，通过杂化与纯化的方式，构成了联通无核波（电磁波）与其他有核波（化学元素或其外围电子），通过有核波外表面形成的电场圈——"8"波圈的打开与闭合，进行长距离与短距离拉动星球或粒子自旋而产生能级与能量，才形成神奇完美结合。

阴极射线是由什么组成的？19 世纪末期，有的科学家说它是电磁波，有的科学家说它由带电的原子所组成，有的则说它由带负电的微粒组成，众说纷纭，一时得不出公认的结论。英法的科学家和德国的科学家们对于阴极射线本质的争论，竟延续了 20 多年。

汤姆逊测得的结果肯定地证实了阴极射线是由电子组成的，人类首次用实验证实了一种"基本粒子"——电子的存在。"电子"这一名称是由物理学家斯通尼在 1891 年采用的，原意是定出的一个电的基本单位的名称，后来这一词被应用来表示汤姆逊发现的"微粒"。自从发现电子以后，汤姆逊就成为国际上知名的物理学者。在这之前，一般都认为原子是"不能分割的"的东西。汤姆逊的实验指出，原子是由许多部分组成的，这个实验标志着科学的一个新时代。人们称他是"一位最先打开通向基本粒子物理学大门的伟人"。

直到法拉第的出现。法拉第认为场是真实的物理存在，电力或磁力是经过场中的力线逐步传递的，最终才作用到电荷或电流上。他在1831 年发现了著名的电磁感应定律，并用磁力线的模型对定律成功地进行了阐述。1846 年，法拉第还提出了光波是力线振动的设想。

麦克斯韦继承并发展了法拉第的这些思想，仿照流体力学中的方法，采用严格的数学形式，将电磁场的基本定律归结为 4 个微分方程，人们称之为麦克斯韦方程组。在方程中，麦克斯韦对安培环路定律补充了位移电流的作用，他认为位移电流也能产生磁场。根据这组方程，麦克斯韦还导出了场的传播是需要时间的，其传播速度为有限数值并等于光速，从而断定电磁波与光波有共同属性，预见到存在电磁辐射现象。静电场、恒定磁场及导体中的恒定电流的电场，也包括在麦克斯韦方程中，只是作为不随时间变化的特例。麦克斯韦进一步提出，电磁场中各处有一定的能量密度，即能量定域于场中。根据这个理论，坡印廷 1884 年提出在时变场中能量传播的坡印廷定理，矢量 $E \times H$ 代表场中穿过单位面积上单位时间内的能量流。这些理论为电能的广泛应用开辟了道路，为制造发电机、变压器、电动机等电工设备奠定了理论基础。

麦克斯韦预言的电磁辐射，在 1887 年由赫兹的实验所证实。电磁波可以不凭借导体的联系，在空间传播信息和能量。这就为无线电技术的广泛应用创造了条件。电磁场理论给出了场的分布及变化规律，若已知电场中介质的性质，再运用适当的数学手段，即可对电工设备的结构设计、材料选择、能量转换、运行特性等进行分析计算，因而极大地促进电工技术的进步。

电磁场理论所涉及的内容都属于大量带电粒子共同作用下的统计平均结果，不涉及物质构造的不均匀性及能量变化的不连续性。它属于宏观的理论，或称为经典的理论。涉及个别粒子的性质、行为的理论则属于微观的理论，不能仅仅依赖电磁场理论去分析微观起因的电磁现象。例如有关介质的电磁性质、激光、超导问题等，这并不否定在宏观意义上电磁场理论的正确性。电磁场理论不仅是物理学的重要组成部分，也是电工技术的理论基础。根据他的方程可以证明出电磁场的周期振荡的存在。这种振荡叫电磁波，一旦发出就会通过空间向外传播。根据方程，麦克斯韦表达出电磁波的速度接近 3×10^5 公里 /秒，从而认识到这同所测到的光速是一样的，由此他得出光本身是由电磁波构成的这一正确结论。

普朗克第一次提出了黑体辐射公式。他在德国物理学会的例会上，作了《论正常光谱中的能量分布》的报告。在这个报告中，他激动地阐述了自己最惊人的发现。他说，为了从理论上得出正确的辐射公式，必须假定物质辐射（或吸收）的能量不是连续地，而是一份一份地进行的，只能取某个最小数值的整数倍。这个最小数值就叫能量，辐射频率 v 的能量的最小数值 $\varepsilon=hv$。其中 h 是物理常数，普朗克当时把它叫作基本作用量子，它标志着物理学从"经典幼虫"变成"现代蝴蝶"。1906 年，普朗克在《热辐射讲义》一书中系统地总结了他的工作，为开辟探索微观物质运动规律新途径提供了重要的基础。

普朗克指出，为了推导出这一定律，必须假设在光波的发射和吸收过程中，物体的能量变化是不连续的，或者说，物体通过分立的跳跃非连续地改变它们的能量，能量值只能取某个最小能量元的整数倍。为此，普朗克还引入了一个新的自然常数 $h = 6.626196 \times 10^{-34}$ J・s（即 6.626196×10^{-27} erg・s，因为 1erg=10^{-7}J）。这一假设后来被称为能量量子化假设，其中最小能量元被称为能量量子，而常数 h 被称为普朗克常数。普朗克最大贡献是在 1900 年提出了能量量子化，其主要内容：黑体是由以不同频率做简谐振动的振子组成的，其中电磁波的吸收和发射不是连续的，而是以一种最小的能量单位 $\varepsilon=hv$ 为最基本单位而变化着的，理论计算结果才能跟实验事实相符，这里的 ε 叫作能量子。也就是说，振子的每一个可能的状态以及各个可能状态之间的能量差必定是 hv 的整数倍。并基于这样的假设，他给出了黑体辐射的普朗克公式，圆满地解释了实验现象，这个成就揭开了旧量子论与量子力学的序幕，因此 12 月 14 日成了量子日，以做纪念。普朗克也因此获得 1918 年诺贝尔物理学奖。尽管在后来的时间里，普朗克一直试图将自己的理论纳入经典物理学的框架之下，但他仍被视为近代物理学的开拓者之一。

受普朗克的启发，爱因斯坦于 1905 年提出，在空间传播的光也不是连续的，而是一份一份的，每一份叫一个光量子，简称光子。光子的能量 E 跟光的频率 v 成正比，即 $E=hv$。这个学说以后就叫光量子假说。光子说还认为每一个光子的能量只决定于光子的频率，例如蓝光的频率比红光高，所以蓝光的光子的能量比红光子的能量大，同样颜色的光，强弱的不同则反映了单位时间内射到单位面积的光子数的多少。

真的是这样吗？笔者认为，行星运动轨道是一个弱相互作用力的空间，可以闭合，但该空间随太阳自转向外发射的光的强度（明暗）不停地闭合与开放，也即前面所述"8"波圈表面电场波的闭合与开放。只有闭合与开放才能产生负压，吸引某一天体沿某一方向均匀运动。其运动动力是因为具有涡旋的磁场闭环不断向两端扩张，扩张的速度越快，运动越快。光磁—火气—液固的变化构成运动的动力，也就是无火界面与有火界面的变化或称有核波与无核波圈层界面的变化构成运动的动力。运动也可以认为是不均衡的奇点（核波）存在，也可以认为是无核波与有核波开合层次有序变化而导致运动的动力出现。闭合体向内产生磁场，向外辐射光芒。闭合体的存在也可以解析思念的存在，按照柏拉图的目标态存在原理，当一个人思念他在千里之外的朋友时也可以形成闭合的磁场圈，只不过这是一个非常长的近似于线的闭合棒（圈），思念越深，力度越大，其作用力是不能用牛顿的万有引力（$F=GM_1M_2/R^2$）来描述的。

上述论述可以隐隐约约发现物质的本源就是由不同圈圈与叉叉所构成，也遵循"光—电磁—火—水—固体形态"这条路径，下面将重点讨论有核波与无核波的存在与变化，即以火为中心的物质与能量变化规律。

二、本源——火圈形成与变化秩序

（一）有核波碳氢燃烧成主要火源

我们知道，碳是有机物火源的核心，碳与碳之间可以形成单键、双键或三键，也可以成环、成链，使得有机化合物存在种类繁多的同系物或同分异构体。有机物存在体现在"碳火中心"，无机物星球的存在也体现为"氢（氦）火中心"，如太阳系。

热胀冷缩几乎是同时进行的，当冷缩的速度大于热胀的速度时，物体成形的概率就相当大了。冷缩总是显示出一定的有序性，电磁是比较有序的，因为它总是以线面形式存在，使得熵减少。水分子也是比较容易收缩的，它与电磁联系起来就显示出无穷的魔力。因为旋度增加使得其与外界联系增加，显示出深邃的"感染力"。

只有纯洁单一的曲线，才可能头尾相接形成圈层。光是火圈最外围的曲线，投射到凹面上聚焦成为有形点，投射到凸面上发散形成线消失在空间中，同类型的点通过射线连接在一起形成面，产生所谓的光磁火"8"圈界面，转动变化形成体。下面将紧紧围绕光磁火"8"圈界面的形成、变化、更替来说明事物在时间与空间范围内的变化规律。

有形实体可以被观测到，是因为它发光或反光。图1是一个简单的"8"圈界面磁场图。从形态上可以想象，1与0最小，是一根线与一点。最大是一个柱子或一条隧道与一个圈或一个球，但两者相互依赖，相互作用，构成了爱因斯坦所谓的扭曲的时空圈。沿着"光—电磁—火—水—固体形态"这条路径来思考，似乎可以找到答案。

在一切以光联系的物质世界中，长波与短波的关联总是可以将其频率与波长相一致的东西带走，剩下较短的波长物体。前面说过，波长越短越容易固定而存在，越长越难固定而消失。比如将一个生鸡蛋放在水中煮熟，其蛋白和蛋黄总是最先出现固化或碎片化，因为贮存在其中的长波被水蒸气产生的长波带走或者长波收缩成为短波圈层，留下的都是一些没有活力的固体物质。因

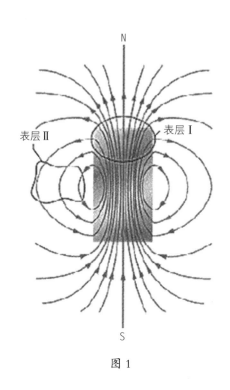

图 1

此可以说，生物经历了火这样的长波考验，基本上难以复原，其生机只能在依靠水这样的长波或光电磁这样的长波加入其中，使得其再次"复活"，正所谓"野火烧不尽，春风吹又生。"也就是说经过火烧后，几乎所有的碳氢化合物变成了二氧化碳与碳，二氧化碳离开了原有的圈层，也就是圈层氧离开了，氧气再还原进入圈层几乎不可能；但水是可以进入有机物圈层的，因其含有氢，与外环境的氢联系，又可以使干细胞复活。

万物是由一个圈圈与一系列叉叉组成的，先有圈圈，后有叉叉。圈圈分层，成就空间，具有从无到有、从小到大的性质；叉叉分叉，成就时间与光，也就成就了界面电场层，具有从大到小、代际遗传的性质。圈圈周而复始，叉叉无始无终，但随时间具有更多的变化趋势。叉叉具有垂直中心向外发射的功能，叉叉与圈圈的中心相互衔

接，形成一系列的环套环，环与环相互垂直，形成均轮与本轮相融合的"三位一体"系统，也就是多层"8"圈界面体系。也可以理解为闭合的电场产生磁场，不闭合的电场具有不断发射电子的功能。

太阳、地球、月亮三个圈球轴心与轨迹垂直现象，其不断形成火光波圈与氢火界面，摩擦变化形成水，只要水含量超过70%，就有可能构成生命之源。火为垂直圈，水为水平圈，相互垂直，犹如变化的电场产生变化的磁场，变化的磁场产生变化的电场，构成生命的运动圈球。火圈向外强、向内弱，可以认为是阳，受制于太阳；水圈向内强、向外弱，可以认为是阴，受制于月亮。阴阳圈层相合形成对称球体，就会形成生命之源。火虽为垂直圈，但两端为开放的光线组成，向四周扩散犹如一个纺锤体逐步对外膨胀。太阳照耀地球，以黄道交角处照耀时间最长最强烈，黄道与直道夹角约为23° 26'。如果纬度从25° 到35°，日光照耀的两个平面的交点连接春分与秋分，在这个时间段生物最活跃；在这个地域空间上，可以发现这个纬度范围内的植被与人口密度最大，包括地中海沿岸的埃及、中国、日本、印度、伊朗、美国等地。

1. 正反波电磁场——太阳发光与动力来源

我们知道，太阳有太阳磁场，地球有地球磁场，生物有微磁场，几乎所有的个体均有磁场，原子有电子层磁场，磁场几乎无所不在，其释放的波线构成所有事物的联系与变化，包括人类的信息沟通与交流。太阳是燃烧氢与氦有核波而形成的，其对外发射的无核波——太阳光可以照耀整个太阳系。太阳光线可以覆盖整个太阳系，说明其光线波长非常长，频率相对较小，可见光与红外光占了93%。太阳光沿黄道面扩散，到达地球表面的光辐射总量分布基本呈带状。天文辐射与太阳辐射不同，地球大气层外的太阳辐射强度几乎是一个常数。但为什么太阳辐射又是短波辐射呢？太阳温度为6000℃，所以为短波辐射。太阳能量来源于高温高压下，四个氢原子经过一系列的裂变反应变成一个氦原子。太阳是否是太阳星云坍缩而形成的？我们将太阳作为不运动的星球来观察，比较难解析。太阳是一个不断向前运行的星球，其中核心又是一个三锥形，由于我们处于太阳系，难以感觉到。太阳要不断燃烧，其垂直于黄道面的中心轴一定存在更长波的正反两种电磁波，使得交叉聚焦形成有核氢或氦，否则其氢与氦会燃烧殆尽。只有可依赖界面才能保持其长盛不衰，笔者认为这个可依赖界面是时光波，且波长短，波层薄速度快，旋度大，但形成的垂直圈半径非常大，并与其他恒星系相连。

太阳系行星的形成同样要有可依赖的界面来供应行星扩张长大。笔者认为不能简单否定以太，认为行星运行轨道空空如也，只是其轨道尺度非常大，其入口与出口由无核波构成大尺度的圈层，因为是无核波，且波的速度非常快，人类用简单的科学检测仪器无法检测到，它可能就位于氢气覆盖的太阳系行星运行的黄道面附近。因此人们对电磁波的长期检测包括无线电波、微波、红外线、可见波、紫外线、伦琴射线及 α，β，γ 射线，波长分别在 $10^3 \sim 10^{-13}$ 米之间。这些几乎都是无核波，波长长度不等，但光速较快。可以说，所有运动均是波的路径的重复而造成沿该路径的能量变化，变化最强烈的就形成了个体。从某种角度来看，时间就是光的运动路径，时间不可能简单固定或静止，总在变化与转化，因此可以说，能量是时间的函数。

电磁波只可能是横波，光是电磁波，因此光是横波。电磁场因周期震荡而存在，无核波包括上述电磁波使用化学法是无法表述的，它虽然是物质，但无法用组成测量它，因为它难以固定。麦克斯韦认为星光环存在，是由均匀速度的物质所构成的，因此陷入难以解释的困境。其实任何均匀的东西均难以长久存在。只有不平衡产生运动，才有可能具有连续性，而每个连续性因其波长、频率的不一致而出现感官上的"纺锤肚与尖"。这些尖的存在更说明测不准的事实，或称之为非连续性，几乎所有事物均存在这种联系，这种联系事实上就是波长太长、频率太低或者波长太短、频率太高，不能被人所察觉。波尔认为量子的不连续性，可以成功解释氢原子与类氢原子的结构与性质，也就是可以解析单个质子的存在，外层电子数量决定了元素的性质。波尔是原子论奠基者与深化者，他认为原子从一个稳态跃迁进入另一个稳态时释放一定的光子。质子与电子的对称存在，说明波的双向层次形成的闭合圈的存在。光的单向性只能说明其旋转型，但要形成核，必须有双层的正反性并形成一个循环回路。

循环震荡是波重复叠加的基础，也是新旧波不断加强与削减的过程。从整体上看，旋转是时间的过程，震荡是空间的过程。震荡一旦以低频高幅进行，就易形成虫洞，但若以高频低幅进行，就易形成原子。原子的空虚与虫洞的空虚是同时存在的，好比"动物心脏与血管、神经"，因而形成一定意义上的本轮与均轮，出现了圈圈与叉叉的分与合，分为叉叉，合为圈圈。宇宙世界的变化发展，循环往复由此形成，并不断演化与分化。

旋转与震荡的动力来自哪里？前面提到不平衡，对球体来说是球体两端的开放程度或称之为势的高低。层级越多，内外表面活化能相差越大，产生的动力势也会越大。内外动力势的来源与球面波长与其垂直面波长的差异相关。若球面运动波波长大于垂直运动波波长，则显示出老化；若球面运动波波长小于垂直运动波波长，则显示出成长。因其内光电磁波难以突破球面，但它只能在球面两端（两极）进出，保持平衡，其他地方难以渗出或泄漏，也就是说当两横波或纵波相遇时，同一平面上存在阻力有向垂直方向加强的趋势，相遇或相交的波能级越相近，产生共振向垂直方向扩展的概率越强。如冷暖两股气流相遇时，必然在相交处形成强烈的雾气或降水；人在桥上跑步一旦与桥面形成共振，桥在纵向会震裂。若两股气流或两股声波汇合频率相同或相近，就会形成龙卷风、暴雨、海啸等自然灾害现象。

由此可以判断星球的形成与生命个体的形成均是由两个或以上的波共振反方向交汇叠加而形成的，当叠加到一定程度时就会出现一个平面的圈层，而当平面圈层再次被反射就会出现球面或近球面的圈层，当入口与出口不断缩小而注入入口与出口的波不断增长时，有形个体就会产生了，这时波在该区域内碰撞、摩擦就会增长，温度就会升高，火就会形成。

哥白尼认为行星运行以不同的方式在黄经或黄纬上运行，它们的变化是不均匀的，并且在均匀运行的两边都可以观测到，因而只需阐明行星的平均运行规律，就可以了解其非均匀性变化。如土星明亮可见、木星光芒夺目、火星呈火红光彩、金星在清晨或黄昏时出现、水星闪烁且光线微弱，因而这些天体在黄经、黄纬上的运行比月亮更不规则。地球运行的视差运动同期比其他行星更具有不规则性，正是这些不规则性，才构成了天体运行的章动与岁差以及生命周期的进化与演变。

不规则性与宇称不守恒是动力的根源？不规则性并不是混乱无序的，而是有序发展的，也就是说一部分波是叠加加强的。波长越长、频率越低的波越纯，传播越远，影响越广，但程度较小；另一部分的波是削减减弱的，波长越短、频率越高的波越杂，传播越近，影响范围越窄，但程度较大。因此可以说近距离的物体发生的波对该物质的影响程度越大，但影响范围更窄。由此可以分析：金星、火星与月亮对地球的影响最大，当然太阳对地球表面的生物影响最大。太阳是宇宙之灯、宇宙之心灵。火星可以整个晚上照耀长空，其亮度可以与木星匹敌。金星与其他行星不一样刚好反旋，这也说明金星与火星对地球的影响力非同一般。难道太阳光的存在是因为金星的反转，形成与其他行星宇宙电磁波的交叉碰撞而导致的？按照内外波相反的关系，那么太阳核心区总有一片区域存在电磁波碰撞频繁的地方，其温度非常高，反而其核心呈现中空状态，温度小于该片区域，但电磁波波长会更长一些，以利于与外界交合相关的电磁波。可以将金星反转看成是原子核圈的内圈层，其他星球可以看成是电子外圈层。可以说，整个太阳系都是与电子运行模式相一致的。

2. 光在介质中的传导与发热

界面光波顺行与逆行的动力来自光的压力的变化，或称之为对外界同频率光的吸收能力。光（电磁）均存在一定的圈层面积，界面内任何区域，可见部分越小，其与外界的联系融合的概率会越高，越容易激活。因而光（电磁）被激活的次序递减，变化的程度或强度也会递减，但纯度越高的光（电磁）其变化率越大，就会越容易分离出超级元素或激光，其发射的速度极快，产生的能量或被激活的能量会相当大。

所有光的传导均由同频率的光波相衔接，在遇到阻力的情况下发射短波。若在固体内传导，就是光波的传导，产生反射、折射与聚焦。一旦聚焦就会升高该界面所包含的温度，出现傅里叶所称的热传导。纯洁的金属或半导体波长较长，光传导较快，阻力小，发热小，导电磁能力强。

热传导在实体不同部分不均匀分布，可以从较热部分传递到次热部分，同时在实体表面耗散在介质或空气中，可以解释为光波由短拉长，由高压短波扩散为低压长波状态，直至趋于平衡，这也解析了离热源直接作用的那一点，温度最低。当温度恒定不变时，热源在每一刻内提供的恰好补偿在界面内的外表面的所有点上所耗散的热量。如果撤掉热源，光（电磁）热继续在实体内传导，直到与周围环境介质的温度相等为止。受热实体表面任一点在各个方向上所逃逸的不同点光线的强度与该光线与其界面的夹角成比例，夹角小，强度弱。

可以说，光导制热的作用使物体体积发生了变化，固体、液体与气体所含热量的增加，它们的体积就会增加；热量减少体积就会减少。热力学第二定律说明的就是熵不断增加，体积不断扩张的过程。对地球而言，太阳光在大气与海洋中引起的温度变化，不断改变空气与水的温度，密度不同就是引起风流动的原因。气流层受热越强，就会上升越快，同时其他冷气团补充得也会越快，从而造成其温度不断变化。

任何实体从系统外得到的热辐射线（光电磁）的每一面，都会反射一部分，折射保留其余一部分，折射进入该实体界面的，只要它超过其本身向外耗散的热量，那么该系统就会升温，升温越快造成不平衡的界面越复杂就有可能形成旋风或台风（图2）。

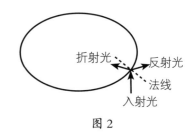

图 2

由于光是有形物质的最外圈，一旦进入闭合的圈层，若投射到凹面上，就会不断聚焦为点实体，同时也会再次折射形成更多的小点或小波圈；若投射到凸面上，就会发散为线，消失在周围环境中。同类型点聚合点或小波圈不断旋转变化，由面变为体，有形实体的有机机能就会出现，或者规律性变化就会产生，这也是将会讨论的内旋成球、外旋成线的原理。

3. 光（电磁）圈的两极分化与个体再生

正旋波与反旋波是构成有形物质的基础，就像人体的动脉与静脉的完美缝合以及DNA双螺旋结构遗传因子的出现，一旦旋度加快，首尾两端融合便形成球形。若衔接首尾两端的入口与出口越小，但其球形表面波圈波长越大越光滑，表面活化能越强且不对称越显著，那么其形成的有形个体就有可能越大。对生物来说就是入口与出口是单一集中还是分散式集中的区别。在光滑的表面，光的反射能力强，融合行进速度非常快；但粗糙表面，光的反射能力比较弱，融合之后行进速度比较慢。表面光滑度与波长密切相关，波长越长，旋度强，显示其光滑；反之，波长短，散度大，显示出粗糙。因而大尺度的长波是形成宇宙星球运行的基础，常以氢火相连接；小尺度的短波又是构成有形实体的必要条件，常以碳火光相连接。大尺度长波形成圈层，若圈层越纯洁越厚实且运行速度快，旋度大，其对外吸收可依赖界面的长波范围大，表现为光滑，对内损耗量就会越小，生命周期长；若圈层越不纯洁或离散混合度大，散度大，其对内外损耗量也会越大，转化为热能失散的量也会越大，对外吸收可依赖界面长波范围少，表现为粗糙，生命周期短，但向外扩散已形成新的短波物质。一旦短波物质再形成圈层界面，就会产生新的更小的短波物质，这种传递现象对生命个体来说可以称之为遗传。

不纯洁散度大的波圈往往是由于外来同频率的波圈逆向旋转使其产生新的短波，不同频率但处于一定区间的波圈正反波相遇会产生热与光，如同发热的灯光；相同频率的波圈正反波相遇产生光与磁就会构成生物独特的双螺旋结构波的可能，出现生命。大波圈释放的小波圈犹如行星周围的卫星、动植物周围的微生物，既是连接外界波圈的载体，又是推进大波圈成长的工具，更是构成波圈内外系统联系成为一体的不可或缺的一环。

两极分化自然会加剧矛盾，但两极分化又是所有事物发展的必然规律。星球、原子、生命体都具有这样的规律。简单地看，植物的果实总是出生在枝头或根下，动物的精子和卵子也是出现在交叉部位，若其交叉融合就会形成下一代。交叉是正反波圈形成双层界面的基础，也是"8"圈层从无到有形成的源泉。

　　两极分化产生的磁力线总是由小到大螺旋上升，一旦遇到等能级界面就会闭合融通，形成一个循环。外圈层压力小，振动慢；内圈层压力大，振动快。两股波线一旦融合，就会形成一个循环往复的闭路系统。这种先光电磁差到气压差再到温压差，形成一系列的由小到大的生成机制。光磁联通机制最明显的是同级光磁会在同一面上汇总融通，同频率发光点之间点对点交流融通最容易。当其融通后，就有可能形成界面圈层，也就是说，地球上形成有形实体圈层可能在2～7层，低于2层难以稳定，高于7层的地球上元素还没有发现。

　　热力学第二定律只解释了有形个体热扩散的情形，但没有解析从无到有的形成机制。从无到有是非闭合波圈遇阻力逆向生成的，似乎也体现了外环境干预个体本身，特别是个体的转动方式或顺逆方向发生明显改变。在形成个体闭合圈之前，总是处于开放或半开放状态。一旦闭合，就会形成新个体。非闭合波圈发射速度越快，阻力越大，停留时间越长，其厚度与强度越大。但总是先形成基本圈层——线圈层，以基本圈层原子扩散到分子扩散，最终形成球圈才可能形成个体。其实对生物来说，有机物氢圈层是比较普遍的与外界交流的细小圈层，无机物原子圈层形成分子圈层以氧圈层存在方式比较多。宇宙分层、原子与分子分层形成的圈层均围绕某个中心运转或活动，形成相互联系与依赖的关系。

（二）无核波电磁圈——依赖有核波并高旋度存在

　　无核波电磁圈可以认为是长光圈通过纯洁的物质载体——金属而产生的，它也是相对密闭的"8"圈，只有相对密闭才能在向外扩张时产生负压吸收外来的波圈，使得本波圈叠加加强而产生强大的动力。这似乎与古希腊哲学上提的本轮—均轮论相似，形成波圈是由纯洁的波圈前后相接而产生的，越往外越纯洁，越神奇。不管怎样，无核波总是依附在运动的有核波圈而存在。

运动的有核波圈以火的形式存在较为普遍，目前人类发现的火圈有氢（氦）火圈、碳火圈或碳氢氧火圈、硫磷火圈、钾钠火圈等。可以认为太阳是氢（氦）火圈的产物；地球是碳火圈或碳氢氧火圈的产物，包括地球表面的生物——碳氢化合物、水——氢火圈与地核地幔——氧火圈以及煤油气——碳火圈，上述火圈往往形成大尺度的火圈；而硫磷火圈、钾钠火圈存在于动植物与微生物之中，属于小尺度火圈，其在自然界含量也比较小。

电圈具有势位相对静止，但完全静止的波圈是难以维持的，因而电圈是相对的，而磁圈可以看成电圈的涡旋场，不断由内向外扩张，不断从外吸收小波圈来壮大本身。这种小圈像"8"圈无数根纯洁的毛细波圈线，随时反复叠加向外扩张形成负压吸收外界的毛细波圈线，形成大的"8"圈。对生物来说，先是大"8"圈破碎形成小"8"圈——消化，然后是小"8"圈与大"8"圈上的毛细圈融合产生大的"8"圈——吸收，就像麦克斯韦提出的变化的电场产生变化的磁场，变化的磁场又产生变化的电场一样，循环往复产生强大的旋度场，使得"8"圈发展壮大。越是有规律相对均匀地缓慢转动，在遇到同频率圈层交叉融合时，越有可能形成新的个体。犹如精子遇到卵子有可能产生下一代。

电磁圈的转动是运动的根源，它形成的波圈是运动的根本，电磁场的表现形式是线，线的内外分化与集中是"8"圈形成旋转的基础。对外每一个细小的"8"圈毛细小分支"8"圈，在遇到阻力时，均可以产生一个新的电磁"8"圈，就像电力线遇到阻力会自动发光、发热一样。当电力中断后，发光、发热自然中断。

原子外围的电子云圈是化学中经常提到的，元素周期表将所有化学元素进行了从小到大排列，也显示出元素的纯洁到杂乱的排列规律。化学上最纯洁的波就属于氢元素了。元素周期表将化学元素最小的元素定义为氢，还没有比氢更小的元素。1766年英国化学家卡文迪许发现了氢元素。当今发现氢元素是整个宇宙中占比最大的元素，其数量比其他所有元素的原子总量还要大100倍以上，占宇宙总质量的3/4还要多。氢存在于水与所有的有机物中，可以认为是波圈的引燃剂或助动剂，也是火圈的主要来源。除稀有元素外，几乎所有元素都能与氢生成化合物。氢是否是燃烧之祖、运动之母？氢元素只有一个核质子与一个外围电子，非常纯洁单一，具有一个质子一个中子的叫作氕，一个质子二个中子的叫作氚，旋转速度非常快，具有放射性，主要用于热核反应。目前也发现氢4、氢5、氢6、氢7这样的元素，分别由一个质子，4，5，6，7个中子混合构成。

　　形成的简易气体一开始总是由纯洁单一的元素圈层所构成，氢元素几乎可以与所有元素起反应，说明纯洁单一的原子电子云圈辐射范围广且在某一平面传播，其聚焦形成的个体大都相似或相同，具有明显的遗传性质。惰性气体难以起反应，可能与其外层电子饱和度高相对密封，难以对外形成一定的波线与其他元素波线融合起反应有关。

　　目前纳入元素周期表中的元素以双原子的形式存在于自然界的气体主要有氢、氧、氮、氟、氯五种元素，化学反应中得失电子氧化还原反应都是在一定密闭空间中进行的，得失电子时其元素一般不会变化，也就说明了元素核圈层的稳定性，只是排列组合不同罢了。所有的化学反应均与元素的波圈变化相联系，也就是与元素的能量变化相联系。高温高压催化剂促使某反应可以进行，使一个分子转化为另一个分子，而原子本身没有变化，碳还是碳，氢还是氢，氧还是氧。但几乎所有的燃烧均有氧参与，也就是火圈层最基本的元素，可以以"8"圈旋转由小变大，循环变化。

　　也许正是氧的原因，法国化学家道尔顿在燃烧有机物时发现其体积与重量越来越小，而燃烧金属时体积与重量越来越大，因为有机物含碳、氢，大部分生成二氧化碳和水蒸气挥发掉了，而金属则因生成金属氧化物其体积与重量加大。也就是说，有机物的圈层界面以碳氢为主，其链容易破碎变成细小的气体或原子等离子体飞向更遥远的地方，而金属元素是原子态的，其圈层界面在有氧的情况下形成的圈层总是依附在其表面，难以挥发。说明越是原子态的金属，只要与氧气反应或作用，其形成的"8"波圈越丰富，其膨胀体积越大。如铜、铁在自然环境中可以被环境氧化生成氧化铜、氧化铁，不易挥发，使得其体积与重量增加，但其强度与离子化导电能力等大大削弱，变成铜绿、铁锈脱离原金属。

由于地球本身是一个大大的磁场，地核、地幔以镍、铁为主，形成比较大的磁场圈，如同前面讲的铁氧火圈，与太阳所含的氢火圈融合形成太阳系的正常运转。磁场与金属联系在一起，说明其对外扩展性、连续性与变化性；磁场与火、电联系在一起，说明它与火一样由相对密闭的波线圈组成；磁场与碳氢氧联系在一起，说明生命源于磁场，源于流动的光圈。越是纯洁的光圈，其遗传性与可复制性以及表面的蔓延性越强。由于所有的有机物均具有一定的光波特定的吸收图谱，可以用光谱对其元素组成与变化进行定性与定量分析。这种分析方法称之为光谱法或核磁共振法。

电子云是用小黑点疏密来表示空间出现概率大小的一种图形。由于它非常小，不容易描画出它的运动轨迹。无论是 s 轨道电子云，还是 p 轨道电子云，都是连续态波函数，各层电子结构中 s，p，d 等的最中心显示出球面、纺锤形、花瓣形等形状。可见，电子云更像内实外虚的"8"圈，也就是说，当纵向的磁力波线圈遇到阻力时，总是呈现一种弯曲的面绕过该阻力，且总的穿越该横断面磁力线数量基本不变，只是显得疏松宽大一些罢了。

　　电磁圈是由高旋度的弦与波组成，具有较高的能级。量子力学称这种弦与波为概率波，它通过旋与散表现出来。旋是与运动、变化相联系的一种外在形式，散是独立、静止、片面的一种外在形式。那么物理上的力特别是强相互作用力、弱相互作用力以及重力、核力也是旋的一种表达，可以说地球引力波是旋形成闭合圈收缩而成的一种形式。

　　对称的闭合圈可以固定在某一位置，具有相对静止的特性，不对称的闭合圈可以运动或流动。如地球上的植物具有上下左右对称特性，位置相对固定，容易识别和观察。而动物具有总体对称局部不对称的特性，如心脏偏左，大脑与四肢末梢几乎位于外圈的同一界面上，一旦思考，其外圈自然扁平化拉长，距离越长，思维灵敏度越高，产生的相互作用力越好。因此有"有缘千里来相会，无缘对面不相逢"的说法。

　　对称球形容易静止，非对称球形就可以运动。太阳有日珥温度，非常高且不对称，地球有高山、海洋和深谷，不对称而产生运动，南北半球的陆地也会明显不同，那么海洋的洋流与大气环流均是不对称朝向单一方向运动的产物，也是推动地球运动的动力，更多的是连接地球上方的气体如氢气一直可以到太阳层，氢气圈层燃烧形成的圈面完全可以产生无穷的"一张一合"动力，这个界面就是地球运动的可依赖界面，否则地球不可能出现成长、变大，也不可能出现世纪替代。地球的成长变大也离不开内旋成球、外旋成线的原理。

　　内旋成球、外旋成线就像地磁场一样。电场具有静态势场，磁场总是变化的，没有静态势场，且变化不定。内旋成球、外旋成线构成生生不息的宇宙体系，因而是普遍联系的，是多普勒光谱所称的近界面蓝移、远界面红移的过程。只要是单一方向的，都是旋度较好的一种量度，也是一个近平面的变化方式。旋度刚好说明圈层两端总是难以完全闭合的，一直向两端传递与扩张，就像老花眼总会向更远距离聚焦，使得物体变得越来越小一样。说明波的横向频率在减慢，纵向频率在加快，我们日常测到的速率均是指纵向频率，因此，宇宙在加速膨胀离我们而去。

爱因斯坦认为，我们生存的宇宙存在一个常数，这个常数到底是多少，他也不敢确定。笔者认为应该接近"0"，也就是旋度与散度，或粒子系数与波动系数的乘积接近于"0"。也就是说，波动性越强的东西同时分离出粒子性越弱，旋度越大的东西说明其速度特别是角速度非常快，纵向长横向短。当纵向无限长其横向无限短，一遇到外环境不同旋度的波圈就会再分而破碎，烟消云散。该宇宙常数就是一个圈层"0"。圈层成长必须吸收外环境的同能级且具有一定散度的东西，所谓集中就是要使圈层均匀成长，中庸和谐发展，不会陷入顾此失彼的困境。

圈层视界为"0"，那么所有的存在物都起源于"0"圈层，对生物来说是种子、卵子，对星球来说是大尺度的圈层宇宙云，那么宇宙大爆炸学说真的正确吗？这就是本书要质疑去探讨的。

可以推断，太阳等恒星是旋度极强的星球，迎着地球黄道面则是光线旋度最强的方位。爱因斯坦质能方程公式 $E=mc^2$，将光速的平方作为能量的主要因素，显示光速的形成面对能量的贡献，也进一步说明旋度的影响力。旋度视为纵向与横向的话，当纵横相等或相近，容易使得波圈前后相接出现内旋，致使内旋成球状况；若纵横不相等或相差悬殊，就会出现外旋成线状况。内旋成球、外旋成线对于星球来说是坍塌与膨胀，旋转力量归因于星系的重心吸引力。爱因斯坦归结为宇宙存在一个常数，但找不到宇宙常数的理由，但通过哈勃望远镜发现宇宙正在不断向外膨胀。暗能量或暗物质可以归结到内旋成球问题，正常物质或能量可以归结到外旋成线或反射光线问题，这也解析了"恒星发光""行星不发光"问题。

对爱因斯坦提出的光线通过太阳附近发现光出现 1.74 角秒的弯曲，也可以通过外旋成线得到解析。外旋正好说明太阳光膨胀向外的光圈层排斥外来光线，使外来光线难以进入只能绕道而行。这种弯曲理论通过逻辑推断：只要是曲线，就一定会有闭合的可能；若为直线，永远没有闭合的可能。这个世界是否存在纯粹意义上的直线？若存在，人类永远无法觉察其运动状态。人能觉察到的，因为只有闭合才能形成面或体，才可能反射光线。这也说明人的意识是不能察觉不闭合线的存在的，无穷大或无穷小均可以视为宇宙常数"0"。无点、无线、无面，但点线无限加长，不断振动，出现纵向无穷大，横向无穷小，均无法被人感知，但无穷大的东西可以与无穷小的东西感应融合，使得无穷小的东西外旋，无穷大的东西内旋，一步步分离，只要能融合，形成对称的运动相对慢的圈层，就可能固定而存在。直线从正面看是无穷大，从侧面看是无穷小，因此人类的认识活动具有局限性——通过反射察觉事物，是不可能证实世界的起源与终结的。但内旋成球、外旋成线形成的光反射可以被证实，这也是当时中世纪基督教主导的世界——托勒密地球中心还是伽利略太阳中心斗争几百年才被证实的原因。

高纯度的东西可以无限大传播，但密度或质量可能无限小，波长比较均匀且曲率变化小，形成波动性，因此也可以用密度、纯度来表达波圈传播的范围，去解释世界运动、变化发展的演变历程。前面说过，外旋成线往往是无核波，只有在有核波中才能遇到阻力而发光发热。这些无核波进入环境中，如果不闭合，就难以察觉，被人类所利用，只有被反射闭合才能形成电磁波或光，才能被感应。

高纯度与高旋度对应，高散度与高密度对应。目前所知道的高旋度的物质是光，它也具有高纯度。如果将光定义为电磁波的一种，那么它一定不只是我们经常所见的可见光，即便是红外光、紫外光，那也是我们难以见到但可以测量到的，往往不能简单将其分离，因为只有无核的近直线波是最纯洁的波。高散度的波往往是有核波，原子核数量越大，其密度越高，但往往是放射性的物质。元素周期表中原子序数大于 84 的元素均具有放射性。放射性的物质要稳定存在，必须有一种强相互作用力约束核中心，使其相对稳定。那么其外围电子层数要么层数多，要么运行速度快。但运行速度快的话，就容易出现向外旋转成线而衰变。

（三）火圈——物质与能量存在与变化的基石

本书的核心内容就是围绕火圈开展宇宙万物深入的讨论，试图寻求物质存在与运动变化的本源。

1. 圈层界面

每当我们看到天上繁星点点时，就会被其神奇的光芒所吸引，它们是那样的有规律地分布，那样有周期地运行，现代科学发现它们都是星球，但有些自行发光，有些不自行发光，只是反光。天文界将其分类为恒星与行星。笔者认为这些星球均是由火（光磁）圈所控制，其产生的光可以相互联系、相互作用，形成宇宙体系联系与变化的根源，其光波总是不断在进行交流，越纯洁交流越多，交流的范围越广，影响控制的范围越清晰。如太阳光等恒星是我们地球世界赖以生存的基础，也是我们生物得以沟通联系的基石，因为它纯洁率直，光芒万丈，可以到达地球的每一个角落。也与地球自身的火（光磁）圈波线进行交换交流，形成新事物、新生命。

火作为人类文化建树的基石，它唯一的发明，正像普罗米修斯的故事所生动表述的那样，在假定的原始状态中，它显示不可逾越的困难。火是现象的第一因素，既存在于迄今为止最坚固的物质之中，也存在于托里拆利真空中。不管是化学家还是哲学家，火既可以与实体相连，也可以与真空相连。虽然物理学家承认真空中穿透着放射热的无数放射能，但无法将这些放射能转变为真空空间的质量。

火的形状到底是什么？当人们用吹管吹气时，试图将燃烧物与同时吞噬的火苗分开时，就会发现火不会轻易退却，而是很快重新占领其放弃的地盘。火的这种活跃与顽固是不能简单用科学知识加以解释的。就像人的成见一样，旧病复发，难以根除。以致人们相信，一切星辰都是由同一种微妙的火的天实体所造成，那么星辰由火滋养着这一原则就非常清楚了。

火与水是常见的物质，是连续性立体的圈层，但水圈层总是平面扩张的，火圈层总是垂直扩张的，垂直于平面扩张并同时存在就可能均衡而形成生命。电磁是平面的圈层，相互垂直，互相影响，由于它无核，运行速度快不稳定，无法用化学元素去分析说明。

火的两种存在形式：一种是纯净硫或低碳的物质引发的火，这种火与一切尘世间的粗劣物相分离，如酒精火、闪电火；另一种是粗糙的、不纯的硫或高碳的物质引起的火，如木材、煤炭、重油等引发的火，这些物质燃烧时产生大量的烟尘，燃烧后留下一系列的炭黑与渣土。纯洁的火才可能发生纯洁的光。光是火的精灵。地狱之火与尘世之火同一性质，是物质之火，这不是用简单唯物主义观点就可以解析清楚的。火可以吞噬一切生命，也可以催生一切生命，火具有罪恶的性质，也具有美好的本性。火不仅烧掉野草，也会肥沃土地，一切重来。只有火才能使人类社会永远更新下去，传宗接代。几乎所有生命的存在与遗传均受控于火，由火将其再生，由火使其重新产生新生命。因为生命开始时总是纯洁的、无私的，光明磊落的。

火又具有哪些功能呢？火具有除臭功能，它似乎在传递某种最神秘、最不可捉摸、最令人吃惊的价值，一切东西经过火以后，都会变得纯洁；火具有纯洁化的功能，经过冶炼，一切不纯洁的东西也会变得纯洁，变得影响深远。钢铁是怎样炼成的，玻璃是怎样烧成的？在火苗的最顶端，火的颜色总是让位于看不见的颤动，火成为非物质性、非实在性的东西的时候，就成了一种精神了。

法国哲学家罗比耐1766年写道："据说这似乎是真的，发光星球吞食它们从昏暗星球上吸取的气息，而昏暗星球的自然食物是为发光星球向它们不断输送来的火流；太阳黑子似在扩大并且一天比一天深谙，这小黑子仅仅是一堆吸过来的粗粒雾气，这些雾气的浓度在增长着，事实正相反，烟雾投向太阳。最终太阳吸入如此大量的异质物质，就如笛卡尔所说的那样，镶嵌在异物质之中，而且它将被异物质所渗透，于是，太阳将会熄灭，从构成生命的发光状态发展到昏暗状态，直至死亡。"

火（光磁）圈一旦旋转运动，就有可能出现两极。有两极，就可能会出现中空与中轴。往中轴与中空一面是杂化形成的固体物，另一面的纯化形成接近直线波线。只有当中空波线纯化接近直线时，才有可能形成向外的扩张力，因此中空管道外壁非常敏感。对动物来说就是毛细血管与神经，接收火（光磁）波线，起能量交换作用；对植物来说就是根叶伸展的纤维顶端。按热力学第二定律"8"圈内个体由小到大扩散，"8"圈外则是由有序向无序扩张，直至最终消失。

地球上的自然火以"碳""氢"火为主，当然还有"硫""磷""钾""钠"等火，而"碳""氢"火是地球表面构成生命的基础，"氢"火是构成宇宙星球间运动与联系的基础。"氢"火在有氧状态下燃烧后变成了水，就好像鼓起来的气泡由火（光磁）圈将其一个个串联连接成一系列的平面波，水的运动形式总是以平行式向外扩张。在火（太阳光）的加热条件下可以垂直上升变成云，再次浮在大气中做平面运动。

从历史上看，古希腊哲学家亚里士多德将世界元素组成定义为土、水、气、火四种基本元素。笔者认为这四种元素可以解析许多现象，但没有从可分与不可分中寻找其核心机理。以原子形式存在的且不可分的只有火，其反射线具有对称的性质，有较明显的旋度，可以由大到小，再由小到大，实现一种循环。它与光磁结合更能显示出收缩扩张功能，光磁火旋转形成的面简称为光磁火"8"圈面（它不是简单的平面"8"圈，而是有多层，一般不超过7层的内凹"8"圈）。

火（光磁）是能量源，它推动土（气、水）这样的物质源源不断变化，也是有形实体存在的基础；以分子形式存在的有土、气、水，但又不可简单分离的只有水，这些分子存在由小到大的变化趋势，具有较明显的散度，可以杂化稳定。特别是水，向内收缩可以包容土与气形成的分子反射面。由快速运动的火（光磁）闭合线圈产生摩擦斗争推动慢速变化的土（气、水）使物质世界的运动与生命有规律地循环。

从物理学上看，物质一般指具有空间结构的有形实体与场，属于客观实在的东西，而能量属于相对闭合空间具有变化程度的统称。现代物理学明确了质量与能量之间的数量关系及爱因斯坦的质能方程式：$E=mc^2$。能量是四维空间量度的物理量，从亚里士多德到伽利略再到莱布尼茨与牛顿都认同能量的概念，一直到托马斯·杨在1807年正式引入，可以表征物理系统做功本领，包括动能、势能、热能、化学能、光能等，单位是焦耳。从质能方程式可以看出能量是一个闭合的圈层，外围由光圈层包围，存在一个相对闭合（一张一合）的圈层。由于能量是由四维空间中的时间所控制，具有瞬时变化值，时间又可表示为光圈层，以面的形式出现，无核无体，难以有势位，用化学上的分子式是不能表示出来的。

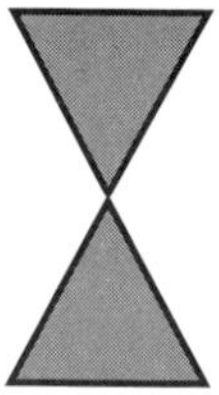

能量场的光磁火"8"圈也可以认为是由上下正反三角形重叠而形成（图3）。

上面的倒三角形说明离中心越远，体积越大，压力

图3

与密度越小，体现火与气的上升气质；下面的正三角形说明离中心越远，密度越大，体现水与土的下沉气质。对水而言，若光线进入水界面折射分光，密度越高折射越强烈，静态显示深蓝颜色，动态显示黄绿颜色。一旦光磁火"8"圈旋转起来，就会出现向中心火外温度递减、体积递升的趋势，也就是成长扩大的趋势。它的变化规律在常温常压下可以用理想气态方程表示：

$$pV=nRT$$

能量总以线或面的形式存在于自然环境中，大部分是变化的多个光磁火"8"圈，若以某个方向进行变化，则呈现出线或面的圈层。由于光磁火"8"圈的快速旋转，其交汇点容易断裂，连续的光磁火"8"圈转变为单个光磁火"8"圈或"0"圈，也可以拉伸为非常长的椭圆圈。火（光磁）几乎同时存在这些圈。如中长波的无线电波、微波、红外线、可见光、紫外线等与短波的 α，β，γ 射线，只不过有些强、有些弱或有时连接成一条波线，有时中断成许多独立的波线。生物能源均是二至多层正反双向旋转形成的相对纯洁的光磁火"8"圈，含水 70% 左右，温度往往比较低，只有几度到几十度。磁的两极、电的正负端、生物的阴阳性与光的阴阳（正背面）端都可以看成是光磁火"8"圈凸出、凹进产生负压形成吸引与排斥、增加与减少的结果。由于火与等离子体联系在一起，严格说与等离子面联系在一起，而等离子体与一系列的火、电、磁、光、风、声等移动的波具有类同的能量体。

风是辐射空气的水平运动自然现象。地表风由水与水蒸气胀缩而产生，风由热而生，由水汽强烈变换而动，因此形成等离子界面就有可能形成巨大的风。风的移动压缩空气，又会形成声音。震荡空气形成声音，除水汽以外，机械震荡也可以形成声音，由机械震荡等离子体能量变化形成。

比如，煤炭燃烧产生火，火加热蒸汽，蒸汽推动转子形成电，电又形成光，光受阻又形成火，整个过程看似是能量的转换，事实上是光磁火"8"圈在增减、聚散、伸缩。目前物理学上将物质的能量分类为内能与势能。光磁火"8"圈横向与纵向扩散就构成了宇宙体系，横向由内向外发展就构成了面与体，纵向向一个方向转动就构成了单向运动的时光，一去不复返。光磁火"8"圈复合与断裂就构成了母体与子体的代际遗传，形成一个个相似的个体，生死轮回。

从几何上看，物质有三态：固态、液态与气态，但很少提等离子态，因为等离子态往往是无核层，且速度非常快，凭人的视觉不借助工具难以观测到其表面或离子线。特别是等离子态不是小尺度闭合，对人的眼睛难以形成反射，因此只能将其视为一种场或能量。但闭合的场或能量是可以计算出来的，能量可以推动物质的变化。本书要讨论的是物质与能量的表现形式，均用独立的光磁火"8"圈与连续的光磁火"8"圈来表示。由于固、液、气三态物质的比重不一致，因而出现不同形态上的运动与转换。对固态物质而言，一般其流动性较差，地表固体物质往往是直接被氧化而逐步消失，温度越高，其氧化速度越快，即其光磁火"8"圈转动越快，形成的氧化物或气态物质附着其表面越多，也就是微电场比较多。对金属而言，形成的气泡较多，一定程度上破裂形成腐蚀面而分散消亡。非金属如果表面光滑，光解消亡速度相对较慢。因此对金属与非金属而言，进行表面处理钝化可防止原子反射线，增加其寿命。

是否可以认为，氢是连接太阳光线的最主要的物质，只有粗结构的波才可以被细结构的波覆盖。氢的圈层非常简单，其外层电子层几乎与太阳的光线等离子体接近，这样，固体—液体—气体—等离子体存在非常相关的关系。当一些元素内层核不断增加，混杂度明显时，其元素的旋度越小，电子层数较多，越容易形成立体状的固体（纯金属单质在自然界几乎不存在），而另一些元素内层的核增加相对较小，混杂度略小时，其元素的旋度会次大，电子层数次之。气体分子相对较简单，电子层数少，往往是单层圈膜，混杂度更小，旋度比较大。而等离子体往往是线，非常纯洁，旋度非常大，但又随时可以形成界面，比如电镀工艺镀层的形成。

也就是说，旋度是某个单一方向的量度，单一方向性越好，其旋度越好。当具有光磁火"8"圈层界面向四面八方扩张力达到均衡时，就容易出现立体性的有形固体。

从方向上看，波圈单向扩张形成线面，正反双向扩张形成体。因为只有正反双向扩张才有可能形成反射使得波速越来越小，直到相对稳定，形成可观察的有形体。就像希腊哲学家经常讲到的正反合。这里讲的线、面、体不是绝对意义上的线、面、体，只是相对实在的，也就是该事物以线、面、体为主。

固体、液体、气体与等离子体四种不同形态的面形成界面。能量可以看成是依附在物质"8"圈层表面的触觉或表面破碎线，只要有两个或两个以上的圈层界面（物质摩擦斗争）就可以产生光（等离子体），产生运动。李政道、杨振宁提出宇称不守恒定律说明圈层外面总是难以完全闭合，总有一个或几个不闭合的时空使得时空不均衡得以运动，也就是说空间可以闭合，但时间是不闭合的。时间以光的形式出现就是时光。时间是矛，空间是盾，矛与盾的演化就构成了矛盾。

以速度而言，线最快，面次之，体非常慢。一个个体总是以核为中心，相继出现"体—面—线"三重圈层。无论是原子、种子、星球均存在这样的结构。比如太阳里面是核——体，表面是火——面，外面是光——线；地球里面是核、幔，表面是水——面，外面是轨道波（大气层）——线；植物里面是枝干——体，表面是水（表皮）——面，外面是吸收远红外光的叶根茎——线；动物里面是骨骼、肉——

体，中（表）面是水（血、体液）——面，外面是神经、毛发——线。

从运动的方向上来看，运动包括平动与转动，平动与转动大都是往一个方向进行，因而显示出距离与路径。不管怎样，它总是显示出线与平面或曲面的特征，也就是说显示出线与面的特征。如果同时往四面八方运动，当其运动速度相等时，就有可能出现静止，因此运动体现了方向性与距离性。自然运动大多是转动，如地球围绕太阳转动、电子围绕原子核转动、血液围绕心脏转动、树木营养物质围绕树干转动等。这样看来以线与面单向运动形成有形个体，首先是形成线，再形成面，最后形成体。这也与哲学上物质在时空中线性迁移，有轨道有规则运动与非轨道无规则运动相一致。简单地说是母体与环境光磁火"8"圈波线不断重叠加强与抵消削弱的结果，运动离不开热（火）中心，不管热来自于何种自然形态，包括煤（油、气）、太阳能、风能、原子能等，总会显示出它的轨道必然性与偶然性，同时又出现它的伸缩性，但不管怎样它都是向外的，因而它可以形成火苗或光的频谱线来测定原子或物质的成分。

从化学原子结构来看，光子产生真空极化，产生正负电子（费米子）之后，由于正电子的手性是向左的，其对应的负时空曲率是负的、内敛型的、螺旋形的时空曲率，因而产生一种内缩力；而负电子的手性是向右的，同时对应的正时空曲率是正的、开放型的、马鞍形的时空曲率，因而产生一种排斥力。那么光子真空极化又是什么呢？笔者认为是光前进时遇到圈层界面如三棱镜的时空曲面被分光，分成长波和短波，长波具有负电子性质，继续发散；短波具有正电子性质，可以收缩。像哈勃望远镜发现的宇宙时间是蓝波短移、红波长移，也像用火加热无机物金属在其表面形成氧化物不脱离而变重变大，用火加热有机物使其氧化物脱离表面而变小变轻一样的道理。

几乎所有元素都是由原子核与电子构成的，只有两层结构，即原子核层与电子层，原子核层比较模糊，只知道由具有波线的夸克所组成，结构非常复杂，若用"8"圈表示就会显而易见。它的能量来源于从外环境吸收的光磁火"8"圈轴心，除了近平面的一个或数个"8"圈外，还可能有外围垂直于平面的小"8"圈，好比动物的手足与眼睛或耳朵、植物的叶片等，不同功能的"8"圈显示出吸收或反射光、声、味等现象。两层光磁火"8"圈更多地显示出向外扩张单向层，难以显示界面。但当其受到外环境反射时，同频率的波线就会加强形成较强烈的界面，原子核界面与电子层圈层，但削弱部分就是层与层之间的空隙。这样就可以比较容易说明原子的分层。原子分层后不论是电子、质子或中子的转动几乎都是同向的，那么其扩张的范围与程度都是有限的，光磁火"8"圈交点处，也就是中心处或奇点处的强度受到扭曲力的影响，会局部断裂产生所谓的单个圈层，如原子、细胞、种子、卵子等。由于其单向性只能说明其扩张成长性，并不能说明再生重演性，只有遇到相反方向同频率的波才可能使其收缩，如外光磁火"8"圈顺时针旋转，内光磁火"8"圈逆时针旋转，这样就可以形成如生物 DNA 双链断裂变成单链又重新组合形成新的双链，但此时的双链均带有阴阳两性的特性，这样才可以产生遗传，从小重新开始，可叫作母子物质与信息传递。

可以认为，有形实体先形成单一方向的光磁火"8"圈，再形成相反方向的光磁火"8"圈，两种方向的光磁火"8"圈会产生摩擦，不断形成面形分子状的大圈层，外来纯洁的波线会聚集产生聚焦作用，形成核心圈。核心越小，说明其纯洁度越高，阻挡其他纯洁波圈的效应越小，其覆盖的范围越大；反之若形成核心圈越大，说明其层级越多，原子核数越大，其能量辐射越大。如果围绕核心的中性物质多，那么其放射性越强。也就是说，环境决定个体的存在，但环境条件消失时，个体就不复存在。

细小且纯洁表面光滑的波线，收缩力大于扩张力，容易形成旋度大的有形个体，而粗糙和粗大的波，收缩力小于扩张力，可以辐射衰减成散度大的有形个体。因此，无形到有形，先收缩成形；有形到无形，后扩张毁形。但不管怎样，从无到有的过程，有形一直在对抗无形，只不过其外表面表现出来的内外方面的差别，反映在形成集中"点"还是"面"或代际关系方面，而产生我们所谓的空间与时间的问题。

2. 旋度与散度

旋度与散度是物体运动形成的主要因素，它同时存在，其变化率越大，其加速度就会越大。用牛顿运动定律公式 $\Delta F=m\Delta v / \Delta t=m\Delta s / \Delta t^2$，$\Delta s / \Delta t^2$ 可以将其视为旋度的时间表面积的变化率。时间是圈层单向性形成的，牛顿定律的向心力公式 $F=mv^2 / R=mw^2R$ 均是环绕速度面积的表达式，事实上也是角速度变化而成的。牛顿定律只适用于单一表面上的运动，且运动速度不能太快，否则会失效。如树木的成长、人的思想的形成、思念的迫切性是不适用的。

旋度非常大就有可能形成光线。光线是光的频率与波长朝某个方向传递的物质，现代物理学以光量子进行描述，但只是一个平面（二维）描述方式，属于静态的性质，动态描述必须是三维的。旋度刚好可以说明其两端总是难以闭合的，一直向两端传递与扩张，就像绷紧的橡皮条两端一样，其旋转越快，向外辐射的光线越强。

两端一旦相对稳定，就会产生旋转。旋转如果存在单一性，就会出现越来越小的圈层，犹如细胞分裂，每旋转一次，细胞数量可以呈几何级数增加。也就是说若单向旋转，则圈层数量增加；若正反两向旋转，则出现单个圈层质量增强。

从向心力与离心力分析，内旋成球就是向心力起作用，外旋成线就是离心力起作用。向心力起作用是一切有形实体或圈层形成的基础。向心力与离心力的关系构成合与分的关系。自然界目前最普遍的分合有光分解与合成、水分解与合成以及火分解与合成。

有机物大都可以通过光或者火分解，如燃烧煤炭、石油、天然气或自然降解人造合成材料，将大分子物质转变成小分子物质。但也可以通过光（电磁）将小分子物质合成大分子物质，如植物的光合作用，光合作用两端大都是密闭的。用火燃烧分解有机物可以将其变为无机物，其圈层破裂，成为细小的颗粒物，如碳水化合物变成二氧化碳与水蒸气。而燃烧金属单质由于原子反射面，使得单质氧化形成新的圈层，生成金属氧化物，附着在金属表面，使得其质量增加。这就是道尔顿燃烧有机物质量会变小，燃烧金属质量会变多的原理。

同理，原子变成离子态可以被水解，但也可以在光磁电的作用下形成大块状的金属体。急冷或急热均可以使得其圈层破裂，质量与体积变小；但在光电磁的作用下可以使小分子有机物水合成大分子有机物，这可能是水下动植物光合作用产生并形成的原理。你往水塘中丢一个石子，从石头落水处形成一圈又一圈的波圈，看似平面状的，但它是由内到外逐步扩散，越近频率越快，波峰也越大，越远频率越慢，波峰也越小，直至消失。事实上几乎所有的平面波受激发均会形成此现象。那么假设不断有小石子往同一个地方丢，那么该波圈就会出现不同的叠加，同相波叠加越多，形成个体并不断成长的机会越大。植物与微生物以及动物在未脱离母体之前均可认为是波叠加而形成的。叠加形成双螺旋形的个体，可以看成垂直的光（火磁）与平面水波的关联，也就是碳火（氢火）与水的关联形成碳水化合物。一旦入口与出口闭合，就有可能出现转动，呈现生机勃勃的现象。只要在相交处形成循环的光磁火"8"圈层，就有可能将小的圈层放大合成大的光磁火"8"圈层，进而形成大的有机物。事实上，我们常见的冷暖交汇的两股气流会激发生成水下降成雨，如大洋中寒流与暖流交汇的地方往往是鱼类成群出现的地方。如日本暖流是北太平洋西部最强的暖流，其洄游类鱼类非常丰富，可知生物生长与"8"圈层关系密切。

因而可以推断，太阳等恒星是极强旋度的星球，迎着我们地球的黄道面则是光线旋度最强的方位，就像电子层外围的两个电子以平面方式旋转，既体现单一方向性，又体现平面快速性。爱因斯坦质能方程将光速的平方作为能量的主要因素，显示出光速的形成面对能量的贡献，也进一步说明了旋度的影响力。旋度若分为纵向与横向的话，当纵横相等或相近时，极易出现内旋成球情形；若纵横不相等或相差悬殊，则会出现外旋成线情形。

内旋成球、外旋成线就好像电磁场的电场与磁场。电场是内旋的，具有一定的势位，磁场是外旋的，难以有势位，它总是动态变化的。对星球来说是坍塌与膨胀，或者说是引力与斥力。爱因斯坦认为宇宙存在一个"宇宙常数"，却找不出"宇宙常数"存在的理由，但通过哈勃望远镜发现宇宙正在不断向外膨胀。莫非"宇宙常数"为0或接近真空能量状态？

旋度与散度也可以理解为粒子性与波动性。爱因斯坦认为"宇宙常数"接近0，笔者认为应该表述为粒子系数与波动系数的乘积接近0。该"宇宙常数"近0就是一个圈层，圈层成长必须吸收外环境同能级且具有一定散度的东西，进行内外交换，交换波线（物质与能量）越多，圈层成长越快。要使圈层强度足够大，与环境交换的波线必须是均匀递增或均匀递减的，才能保持其强度的稳健性。

对粒子性与波动性的重新认识。粒子性往往是相对静止的，三维体闭合具有一定的形状。比如原子，原子由原子核与电子组成，那么原子核的界面又是如何形成的？若其存在，一定是内旋而存在的，但内旋的同时一定伴有外旋的存在而出现对称性破损，即存在外扩散，对外扩散的部分粒子或波就是电子了。但若电子可以监测得到，那么其一定是闭合的波圈。

吸收外环境波圈的散度一定比本身波圈要大，旋度要小，也就是外环境的波圈的波长小、旋度大，或称细颗粒被本身波圈吸收。若吸收的外环境波圈以均匀速度内旋或规律性加速内旋，则该波圈会变大；若减速内旋或外环境阻力的波圈变大，则该波圈会变小或对外扩散会加强，形成弱化的空洞，导致其朝某一方向伸展，形成长条形，甚至出现波动性而变得不稳定而消失。因此，波动性是粒子性在某一方向出现非均匀产生线状圈层而形成的。前面说过，物质越纯，其波动性越强。纯洁的物质传播波的距离越远，且波比较均匀，曲率变化较小。

3. 界面的存在与变化

黑格尔说"存在即合理"。笔者认为，存在即表现为物体内外环境交换波的变化，也是以一定方式对称性固定的形态。对称就会稳定，稳定就会出现一定形态。万物都是普遍联系的，联系的方式无非是线。线是一种工具，也是一种信息载体，或称为一种逻辑。光具有线的本质。线有直线与曲线之分。沿直线传播的光速度可以无限大，也可以无限小，因为世界上无法找到一个固定的参照系去测量它。有始无终的线具有分的趋势，只有曲线才可能有始有终头尾相连形成圈。光是多层线圈相互摩擦形成的曲线，可以有始有终，也可以有始无终。最外围的物质圈层系统可以认为是由光组成，当光投射到凹面上就会聚焦成点，速度传递减慢，成为可察之物；当其投射在凸面上就会发散成线，消失在空间中。同类型的点通过外围的光线连在一起就会形成面，多层面形成体，就会变成有形物质，被观察得到。

那么物质又是如何存在的？笔者认为，只有不能再分的光才能以直线传播，由于不能头尾相接形成闭环，其速度可以认为是 0，也可以认为是"∞"，但这种物质应该是不存在的。不能再分的线是绝对纯，可以再分的线是相对纯，相对纯的线是曲线，可以头尾相接形成圈，因此可以说物质的形成是由纯洁的曲线由内至外或由小到大快速投射到凹面不断聚焦汇集并减慢速度杂化的过程，这就实现了由"0"到"1"，由无到有的深刻变化，如图4所示。

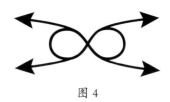

图 4

"0"与"1"，无形与有形，形成之原理，包括生命与星球之形成，也许就是有形物体发散与集中的过程。发散作用力非常有限，集中就有力量。具有旋度的事物总是在不断发展壮大，在曲折中前进，直到形成两级或者四端。发散消耗能量，一旦旋度集中的能量与散度消耗的能量相等，最终趋于内外平衡，个体停止生长，具有高旋度的物质就会沉积在一定空间里，蓄势待发，可以称为"0"；具有高旋度的物质不断扩张，增强散度，一旦平衡，就出现"1"，成为可以看得见或者相对稳定的物质。相对稳定的物质一旦散度大于旋度，个体就会缩小，直至消失。消失以后的事物由于在变幻的环境中曲率增加，形成波动性的曲线和曲面。曲面一旦闭合，又重新回归到相对静止"0"，再由相对静止的"0"聚集成高旋度的"0"。如此循环不已，并具有周期性。这也许是当今世界旋度、散度与梯度物质不断更替、循环往复的有规律发展路径；有形与无形、有序与无序也遵循此规律；星球形成、宇宙形成也会遵循此规律；信息工程、计算机所谓的二进制规律也具有类似的情形。

"0"可以说是无，也可认为是圈层，相对静止，不平衡发散，发散成"0"，蕴含运动；"1"可以认为是有（一个体），也可以认为是光线，相对运动，聚合成"1"，蕴含静止。因此，运动平衡就可能为"1"。"1"的形成，必须是左旋与右旋的结合体。世界上每一个生物为什么只有在左旋与右旋之中形成有形物体呢？有形物体先以圆圈的形式存在，而后出现椭圆，最后椭圆越来越扁，形成直线而消失。这就是圆、波浪曲线、直线的循环往复形成机理。

　　整个世界有形物质的存在可以认为是杂化的过程，但每一个被杂化的有形体之间发出的波线或者光在中轴区又是一个纯化的过程，纯化可以产生新的信息与有形物质。如果按照一分为二决定层级的理论，地球上目前可知元素的原子序数最多只有112，也就是在7层以内，因为2^7为128，也就是说，有形个体再复杂其外围只能有7层。我们知道，地球本身只有地核、地幔、地壳3层，大气分为对流层、平流层、中间层、热层与逸散层等5层，人体分为骨骼、肌肉、皮肤3层，原子只有简单的原子核与周围的电子2层，电子层最多也不会超过7层。那么有人会说，树木会超过7层，因为每层就是一年，其实每一层的元素基本是一致的，主要是碳氢化合物，只有皮、芯与枝叶有稍稍区别，严格来讲也不会超过3层。按照原子序数分布大概是按"1 2 3 4 3 2 1"层级的规律进行分布，也就是说到了第4层就会出现饱和，也就是"4"为中轴的核心，是杂化的最高状态，以此为圈层的有形物体就会构成最基本的骨架。

　　骨架部分是核心，同时骨架核心的核心是最纯化的部分，所谓精髓就是这部分。因为所有被杂化的物质只要其运动变化，就会产生比较强烈的摩擦，通过摩擦产生的光芒而形成新的元素，虽然其波长短，但频率极高，一旦形成新界面，就会产生新个体。形成摩擦产生的新事物对动物而言是精子与卵子交合，对植物而言是春天温度、湿度与黏度由低向高扩散形成的圈与受外界阻力，如低温、低湿、低黏被反射形成的两股波摩擦形成静电圈，当静电圈变化时形成的磁场不断向外释放大量的波线，内外交流越强烈形成的效应越明显，就会显示出无限的生机。

　　从"0"到"1"，从无形到有形，必须具备以下两个条件：一是纯洁度高容易形成自然圈层界面；二是外界环境的火（光磁）源源不断注入这个圈层界面，产生热胀冷缩。热胀冷缩原理既是星球形成的原理，也是生物形成的原理。可以认为：先有纯洁的圈层界面，纯洁波长越长，其频率越小，越接近于永恒，或者圈层界面越闭合，与外界交流信息的物质越少，越自洽，也越接近永恒。前者是宏观的永恒。后者是微观的永恒。但宏观圈层总是包含微观圈层的，它们总是同时存在的，两者是不同侧面同时存在的两种表现形式。如直线从正面看是一条直线，从侧面看是一个点；再如一个圆圈从正面看是一个圆圈，从侧面看是一条直线；一个球从三个面看均是一个圆圈。其次只有吸收了外界平面圈的波圈物质，才能使自身的圈层在一条线、一个平面上进行运动，才可能进行聚焦新的少于原波圈的点源。聚焦的点源就可以认为是化学元素周期表上垒出来的元素，聚焦次数越少，其核就会越小，同一平面上同类型数量就会越多；若聚焦的次数越多，其核就会越大，对外放射性就会强，寿命就越短。在某一平面上各物质质量与数量的乘积可以是一个常数，就好像爱因斯坦认为宇宙有一个常数一样。比如，广阔的薄土层上只能生长数量繁多且高度矮小的青草，而狭小的岩石层上土壤深厚的高山可以生长数量较小但个体奇大或高度奇高的原始丛林。

细小纯洁且表面光滑的波，收缩力大于扩张力，可以辐射衰减成旋度大的物质，可以变得更细小；而粗糙或杂乱的波圈，收缩力小于扩张力，可以辐射衰减成散度大的物质，可以变得更庞大。但周围环境条件一旦失去，个体就会缺乏外来波圈的能量供给，使其形体完全收缩成一点而坍塌。因此，无形到有形，先收缩成形；有形到无形，后扩张毁形。但不管怎样，从无形到有形的同时，内细外粗的情况总是同时存在，有形一直在对抗无形，只不过其外表表现出来的内外方向的差别与集中点是面还是代际的问题。

纯洁的光、电磁圈又是如何形成的？事实上是分解有形物质形成的。分解可以像三棱镜分光一样，越分越细，越细的物质或"8"圈能级差越接近，越容易吸收聚合，产生动力。就像人交流一样，一个层面的人容易沟通，层面相差太大难以沟通。"秀才遇到兵，有理说不清"。

动态有形的根源是入口与出口的关系。当自然形成有形的物体，若内环境与外环境贯通的入口总输入量大于总输出量，则该物体成长长大；反之，则衰退缩小。当形成一个球形时，达到最高峰，但又是"有"的存在，为"1"；若再变成椭球形，向两端延伸，则变成线"1"，逐步衰退，但又出现"无"的存在，为"0"。

那么，何为"有无"？具有生命周期的自然界"有无"的区分是，有则能循环，能代际传递；无则不能循环，难以代际传递。

循环的机理是双向性的，不能循环是单向的。遗传首先是循环的，也是逆向与顺向相衔接的。比如人出生、长大后，青春发育期后开始出现逆反心理和状态，是正常的反应，一旦遇到他（她）的异性时，希望从出口将其逆反堵住，形成性爱，最终出现一个更小的小循环生命体，这就形成了遗传。

形成循环的动力可以认为是电磁场循环机制出现高度活跃状态，集中循环的力量大于发散的力量，保持其动力达到高潮，有一个越来越远大、纯洁的过程，而不是越来越弱小、杂乱的过程。

可以认为自然圈层界面是由正、反两种波同相叠加而成。正、反两种波异相抵消形成中空或真空，但不管怎样，都存在被驱动的可能。运动可以认为是波的不断叠加形成有形实体，同时又在波的抵消的中空中不断变化的结果，叠加的是极少数，相互抵消是大多数。波的叠加与抵消的交互作用使波不断单方向变化，也就产生了有规律的运动。这种表现方式与用光谱法测定元素具有殊途同归的意味，也与太空环境中总是以中空有规律运行相应的星球并产生无数个火中心——行星绕着恒星运行相适应。中空的波总是由巨大面所包围，每个包围的圈层界面如果大范围地扩散，在其表面上就容易出现许许多多小个体，这些小个体在圈层界面不断运动或旋转的情况下，形成横向同代或纵向异代的变异与遗传关系。可以说，没有可依赖的界面圈层关系，就没有达尔文所论述的纲、目、科、种、属，更没有可能出现种子、卵（精）子与恒星、行星这些"8"圈火中心。

有形实体的生命周期与其可依赖界面的强度、寿命或运行速度密切相关。可依赖圈层界面可以称之为母体，母体的波动交汇之处有可能产生子体，子体一旦脱离了母体，就有可能形成独立的个体，使直接依赖性变成间接依赖性。由于间接依赖性的空间足够大且距离长，距离越远，其联系的程度越弱，越容易被忽视，以至于出现不相关的甚至是排斥的现象，可以称之为隔阂。

隔阂最多的不是一堵墙，更多的是一条条鸿沟，就像牛郎织女无法逾越的鸿沟。墙可以被看见或觉察得到，而鸿沟是难以察觉的现象。我们知道，地球是太阳系的一颗行星，太阳、地球、月亮相互关联，其可依赖的界面是以太阳为中心的光芒或电磁波，使得地球轨道总是相对固定的，而不至于脱离太阳的引力飞向更遥远的地方。月球总是围绕地球不停地旋转，不会飞离地球进入其他轨道。可以认为，太阳是地球的母体，地球又是月球的母体，这些母体运行的路线可以认为是可依赖的界面。可依赖的界面就像生物离不开其赖以生存的土地一样，下面将重点讨论。

但地球与其他行星的关系可能不是母子关系，有可能是兄弟关系，母总是先于子，体现了光的单向性与星体运行的单向性，如地球总是由西向东从北极点看是逆时针旋转。单一方向性的轨道在事实上可看成可依赖的圈层线，只是该圈层线的范围太大、太虚，以前科学家认为是以太，现在科学家认为是氧气或覆盖在星球表面上磁场等太虚的东西。

科学家认为，地球自转也存在时快时慢的不规则变化。也有科学家认为地球是太阳俘获的，笔者不认同这种看法，如果是则只会将简单问题复杂化。

地球绕太阳公转的黄道面、月球绕地球公转的白道面，都不完全在一个相应的平面，而在一个扭曲的光磁火"8"圈面上，但可以认为是可依赖的界面。地球自转时地面的重力加速度必然是赤道最小，两极最大，地球显现出赤道略鼓，两极略扁的旋转椭球体。太阳系行星大多数是按逆时针方向旋转的，但金星却是按顺时针方向旋转，太阳占整个太阳系的质量99%以上，但它的角动量只占2%。

地球自转速度有明显的波动性，一会儿加快，一会儿减慢。笔者认为，这与地球表面内聚光磁圈"一正一反""一张一合"密切相关。春天春至后自转变慢，北半球万物苏醒，气温升高，内光磁圈层数增加，水汽圈明显增厚，内光磁圈变强，也就是电场变强；同时外磁光圈变弱，收缩力增加，使得圈层与圈层之间的摩擦增加，气流变换导致地层表面土质变松弛。内光磁圈感应地表生物使其磁性增强，犹如地表出现一个巨大的温室大棚，温度由低向高，甚至出现温室效应、雷雨大风或雾霾天气，同时给生物增添了更多的能量，万物苏醒，春意盎然。秋至后地球自转变快，说明地球表面外光磁圈变强，扩张力增加，受磁场感应的生物磁性减弱，水分减少，北半球出现秋高气爽的景象。万物受秋风影响开始干枯，但蒸发的水分有带动植物圈层形成新的电场。电场的存在对植物结种具有明显的正效应，出现正反两种波线圈，植物纯洁中心脊内芯被抽提而出现不同的新圈层，这就是种子的诞生。植物圈层种子或高等动物卵子圈层存在许多单个光磁火"8"圈结构，连续光磁火"8"圈中心连接点强度相对于圈本身来说相对脆弱，易断裂，往往只能出现单个光磁火"8"圈，也即是单胞结构，难以出现多胞结构。前面分析过平面波线圈遇到阻力大时，"中心火"强烈，容易出现独立个体，个体越大消耗的能量越多，个数相应会越少。

光磁火"8"圈个体的存在可以说是不间断输入波线与外界交换波线的结果，这样不间断的波在时序上可以是不均匀的，也可以是均匀的。时序上均匀的可以称之为规律或中庸。有节律的东西对生命的存在相当重要。规律性的东西总有周期性，斗转星移、周而复始、春夏秋冬、阴阳平衡、日出而作、日落而息都是有规律性的。哲学上认为，没有孤立不相联系的个体，当某种联系变得微乎其微时，也可能非常细小，那么它又是神明的、纯洁的，会产生更大范围的影响。

当一个光磁火"8"圈存在时，其线条总是单一纯洁的波，在外来波不断注入该系统时，它总是吸收纯洁的与其频率相同或相近的波。只有纯洁单一的波，才有可能从更大更广范围吸收更多的波线（能量），并将该光磁火"8"圈激活产生"一张一合"的转动。纯洁单一的波一方面非常细长，但一旦形成圈层，其波长就会大幅缩减，频率急剧增加，向心力也就急剧增加，出现从渐变到突变的急剧改变过程，也就是开放的波线一旦闭合就会从量变到质变形成有形实体。该单一圈层由线圈到面圈再到体圈（球体）是一个单向的变化发展过程；另一方面处于中心位置的波圈总是试图回到原来的自由开放状态，但由于吸收太多的外来波，使得该波不断扩张，频率又开始变缓，波长变长，可以从更大范围去利用外界环境波。不能融合的波自然会破裂脱离最初的母体波圈，成为废物排出。由于废物是由杂乱的非波圈或波圈残余物组成，是主波圈不需要的，主波圈自然会排泄掉它，以保持其纯洁性与广泛性。

光磁火"8"圈可以将不同波圈集中又将其扩散，是一切有形物质存在的根源。首先火圈是以光磁圈为基础的"8"波圈，存在以小波圈接大波圈并使其旋转流动。其次是火圈的扩张能力强，很快形成闭合虚空，虚空越虚，负压越强，吸引外来物质进入该圈，重新激活，会产生更多的扩张波。由于波圈的扩张是以二维形式为主、三维为辅的形式扩张，如果外来物质波圈供应不上，就可能使该"8"波圈自动缩小，或者熄灭。因此依靠某一可依赖的界面提供源源不断的能源波线是维持并使得该圈层生存并发展的必要条件。如果该波圈范围大，纯度高，运转速度快，那么其消耗的总量也会大。对于可持续发展物质来说，以碳氢为基础的光磁火是主要的波线能量源，而核能、风能、太阳能以及水潮汐能只能解决局部阶段性的能源问题，高速发展的经济和人类生存永久性依靠上述能源还存在很大的障碍，以碳氢为核心的能源波线才是值得长久依赖的。

火圈是一切"8"波圈存在的基础，首先它有周围环境星星点点火源的存在，如果说它有两端，一端是火苗，另一端就是火基了。火苗与火基的覆盖范围受中心波线的控制，中心波线非常接近于直线，只有非常纯洁接近于直线的波线才有持续扩张的动力。前面说过，越纯洁的波，扩张范围越广，与外界非常广阔空间的氢火波线连接，可以上升到我们看不见的浩瀚宇宙之中，并不断起作用。

当波闭合时，波闭合的范围越小，形成的隔阂越厚或越深，其对外环境沟通联系的机会也会越小，或波的种类聚集越多或杂乱无章时，其闭合力越大越稳定。因此可以说，无机物是相对稳定的存在，其原子核比较大，或其缺乏火（光磁）特性或形成时存在快速变化，使得该元素与外界环境难以有规律有节律地沟通，因此除碳、氢、氧、硫、磷、氮等元素外，大多数元素是无机物。只有在氧圈环存在时，碳、氢、氧、硫、磷容易燃烧，才有可能产生"一张一合"转动，构成生命的基础，它们有规律循环构成有机生命的持续存在。

　　构成生命的基本元素——细胞，往往是由细胞膜包围细胞核，也有一些没有细胞核的病毒，有膜的细胞往往可以贮存营养或热量，对外界生命物质的摄取非常重要。有研究认为，蛋白质是构成动物组织器官的主要物质，没有蛋白质，就没有生命活动的存在，氨基酸是组成蛋白质的基本单位，既有碳链，又有氨基。氨基的存在与大气中的氮气双原子结构进行耦合，便可以转动。一切蛋白质都含有氮元素，且含量接近16%；任何生物样品中氮存在每克，就会含有6.25克蛋白质，6.25又称为蛋白质常数。

　　当一个细胞存在时，一方面通过吸收外界的波，将不同波长或频率的波破碎成可以吸收的波，另一方面放出热量，使波对外扩张，推动其周边的气体或液体进行热交换。杂乱的波往往是个体不需要的，可以排出。而纯洁的波逐步形成种子、卵子（精子），它以其纯洁性、覆盖范围广，又可以与更广泛的外环境沟通交流，使个体一步步杂化而趋于稳定，个体体积长大。生物在成功过程中一开始总是单向扩张的，当达到饱和后就会出现逆反波（人出现在青春期），两波对立摩擦又开始形成"一张一合"的新个体，出现母子代际遗传。

　　4. 圈层"一张一合"分析

　　当外环境波与内环境波相互融合并遇到阻力时，长波转变成短波，其波长缩短的同时，频率会增加，也就是内能会增加，但同时反复受阻，正反运动的反射速度会减慢，对外的势能会减弱。通过自动调节光磁火"8"圈的内径，使其处于相对稳定状态。按照光子能量公式$E=hv$，频率增加时其能量会增加，为维持光磁火"8"圈内环境的稳定，总有一部分波会变成极短波，甚至变成"粒子"而固化存在。固化稳定存在的波往往处于中心位置，形成"中心火"或"中心脊"。如同原子核一样相对稳定，核的表面具有一定势位，形成电场。当形成独立个体的"8"圈时，该个体的核表面交织成固化稳定的机会会大些，当出现相对光滑且层数增加，稳定的机会会更大。而要使稳定的光磁火"8"圈球体（种子、卵子）产生运动，必须要有一个产生光磁火"8"圈且不在同一平面上的转动波才能牵一发而动全身，产生持续不断的运动，才有可能产生"一张一合"的变化，从而推动该物体运动或成长壮大。该"一张一合"波的运动可以推动个体内组织以气泡或液体形式产生收缩与扩张，以维持更大圈层的扩张与运动。

可以认为，大的无形光磁火"8"圈是由小的有形光磁火"8"圈运动所支配，而小的有形光磁火"8"圈运动是在某一个扭曲的平面上由无数个更小的光磁火"8"圈连接在一起与外界联系，产生无穷的动力。外界环境"8"圈就是柏拉图认为的目标"因"。以波的形式存在就是以相对闭合圈能量表述，无论是生物个体圈层链条，还是天体个体圈层链条，均以"中心火"或"中心脊"形式出现。一定能量的个体，波越细越长，其覆盖范围越广，活动性就会越强；反之，波越粗越短，其覆盖的范围越窄，稳定性越强。"一张一合"的个体吸收外来波能量产生转动，可以逐步分化，一分为二、二分为四，直到非常大，这种个体外部的"一分一合"与内部的"一张一合"，对生物而言就产生了遗传与变异。

个体外部光磁火"8"圈的分合表现为"母—子"代际遗传，个体内部光磁火"8"圈分合表现为分解合成热（光磁）波源的根源，从而产生细胞、界面细小个体生成与衰亡。个体内部的分合也表现在生物的"生—死"循环食物链上。可以说，个体的存在是不间断输入光磁火"8"圈释放热的结果，这样不间断的波在时序上可以是均匀的，也可以是不均匀的。均匀的时序观叫作规律，比如春夏秋冬、春耕秋作应按农时规律进行，否则会出现因违背规律，遭受自然的惩罚。

由于波的覆盖范围的无限性，体现了时间的永恒性、无始无终。一旦波成为直线，那么其前后难以闭合，就会显示出无限的结果。但波总是连续存在的，即便是独立个体，只要它有联系，就一定存在一种波将其贯通。哲学上认为，没有孤立不相联系的个体。当某种波变得微乎其微时，也就是十分细微时，既是纯洁的，也是神明的，更是无限范围地产生影响。对人类来说，就成为人类追求信念或信仰的一种思想、理念或灵魂。

当波闭合时，形成的光磁火"8"圈范围越小，隔阂越厚或越深，其联系的机会会越小，或波的种类越多、杂乱无章时，其闭合的可能性或与外环境沟通的机会越少，就会越稳定。因此可以说，无机物往往是相对稳定的，其原子核相对较大，环境相对杂乱，而有机物往往是相对灵活的，常以碳、氢、氧等几种简单元素存在，特别是以圈环的氧气存在时，就会产生转动与"一张一合"，构成生命的基本条件。碳氢又是燃烧之火，容易形成"中心火"，"中心火"形成的光磁火"8"圈，由虚到实再到虚，形成有规律的循环，也就构成了有机生命的有规律的运行基础。

按原子理论，小核素的原子聚变反应和大核素放射性元素的裂变反应均放出巨大的能量，但这些能量的释放均是人为控制的，难以构成规律性。但显示出核大的元素电子层数自然大，稳定性或衰变性相对也较大，除非是自然界难以普遍存在的少量的放射性元素。前面分析过，地球上氢元素丰度相对大，但比宇宙与太阳系普遍存在的氢少，地壳上大气层是氮、氧、氩，水圈是氧、氢，生物圈是氧、碳、氢，地表层是铁、氧、硅，地核层是铁、镍。整个地球含量最多的元素还是氧，只要有氧元素存在，就有可能出现两个对称的元素，一旦连接在一起，就有可能出现"一张一合"的情形，如地球的季风、厄尔尼诺与拉尼娜现象等有规律的自然现象出现。

构成生命的细胞，一方面通过吸收外来的光磁火"8"圈波将不同波长或频率的波打碎重新组合成可吸收的波；另一方面放出热量，使得波向外扩张，推动气体或液体的流动进行热交换，保持个体的温度稳定和形态完整。种子与卵子（精子）的纯洁性可以覆盖更广范围与外环境交换物质与能量，使得个体一步步杂化而相对稳定，个体体积会快速长大。这些生物在成长的过程中，当出现逆反波时（人在青春期），会产生双层光磁火"8"圈，从而出现"一张一合"的变化，容易形成新个体。

5. 圈层界面的变化源动力——可依赖的界面

外界环境的火（光磁）总是来源于一个持续不断的可依赖的界面，而且这个界面只有通过等离子体连通于该圈层界面，才有可能保持该圈层界面的持久存在，否则其生命周期是相对短暂的。如地球的存在依赖于太阳光与自身的水磁圈层，地球生命的存在也依赖于太阳光与水、自身的土或气（碳氢圈层有机物）。太阳光（火）是永久供热的基础，可以长距离传播，而气的供应距离相对较短，水为第三短，土最短。

每一个圈层线向内是土与水，向外是气与火；同时土与气对应，水与火对应，这样的自然界面是同时存在的，此消彼长。缺少一种圈层线，就有可能使得圈层界面中断而消失，失去有形的功能。当内圈层的气、火与外圈层的内壁的土、水圈层发生摩擦产生光与外界光联通时，也会构成一种运动。也就是太阳光（火）圈层推动气圈层，气圈层再推动水圈层，水圈层最终推动土圈层不断运动就会构成生命的运动。从覆盖范围来看，土、水、气、火是由小到大的；但从向外力量的速度来看，是由慢到快的；从纯度来看，是从杂乱到纯洁的；从向内形成密度来看，应该是从密到疏的；从细胞分裂的速度与个数来看，是从快到慢、从小到多的；从向内形成机理动力因素来看，是旋度减弱，散度增强的。

（1）持久存在的连续界面水火。

水、火可以溶（熔）万物且不易分的原因是什么？笔者认为，越是纯洁的事物曲线波越细，越易形成较大的圈层。光圈层最大、电磁圈层次之，火水圈层再次之，土气圈层最小。大圈层的曲线波可以穿透小圈层与小圈层产生摩擦斗争形成运动，产生新的更小圈层事物，并不断成长直至平衡稳定，同时外圈层推动内圈层转动与平动构成了个体的运动。因为每个大圈层套上的小圈层周边具有触觉分离出来，分离出波线产生摩擦形成光，这些火（光磁）形成的线与面等离子体越多，汇合的个体越大，强度越强，能量也就越大。因此可以说，星星之火可以燎原。水通电以后形成电磁等离子体，也可以使得其溶于其他的土（各种金属与非金属），形成定向移动，比如电镀，同时转化为气，产生气泡逃逸。

但水火直接接触为什么就不行呢？因为火圈层往外，水圈层往内，火圈层可以刺穿水圈层使其破裂分解转化为线，水圈层总是以平面波圈扩张，若连续分层就会非常困难。只要结团圈，团圈破裂就变成水汽消失在空气中。火圈也变成等离子线分散在空气中，难以察觉。因为圈的存在总是有持续不断的新增线或增温现象出现，有一个巨大的可以依赖的界面源头，越是大的实物或核元素链条越长，界面的存在越持久，其附着的圈层越强大。碳、氢、硫、磷等易燃元素如果结成一个面，在氧圈层的作用下，随时都可以激活，是构成有机物的基本元素，也就构成生命的起源。

前面讲过火是等离子体，火可以将不同形态的固态、液态与气态物质变成可流动的等离子波，使其产生流动并对各物质进行分离。波圈粗或核较大的元素因比重较重可以沉在下面，波圈细或核较小的元素因比重较轻可以浮在上面，从而将物质进行分层纯化。离开火，无从谈物质的存在与变化，即使是水也是火的产物，它是由氢元素燃烧而成。由于氢元素的广泛性，它与氧气反应形成水可以保持自然状况下恒温。这种恒温，使得水分子可以在较大温度区间不会产生明显的变化，也维持生物体自身温度调节而保持其个体在一定的空间状态下生存。

为什么水总是平面扩张的，而火是垂直成光磁火"8"圈层变化呢？如果说是氢火变成水，那么氧到底是什么东西呢？氧是对称的双圈层，可以分离与电离，比较活泼，其变化的光磁火"8"圈层也是非常快的。水的氢键结合力强，使得其分层相当难，同时其可压缩性好，容易同时出现固态、液态或气态。根据三态物质速度变化，从立体变为平面，从平面变为线圈，可以发现平面变化角速度完全受波线圈消失快慢的影响，也可解析垂直的火在高速旋转氧的作用下，很快被平面化。

当然，水也是物质保持纯洁状态下的重要元素，杂化的物质经过大量水的溶解分化，使得有机物或无机物逐步出现纯化。在水环境下通电等离子化，使得物质能形成不同的微磁场进行电离，比如电镀、表面处理等工艺均是逐层纯化的工艺。

在人类社会没有发现"火中心"之前，均有火山爆发形成"火中心"（现代科学认为火山是由放射性物质衰变形成的），火山、冰川不均匀地分布在地球各个地方。由于火山爆发时间短，对大气的离子化程度不高，很快使得地球空气分子化。当人类发明了火药、电力、燃烧炉之后，火的应用非常广泛，空气中气体分子也一步步杂化，特别是二氧化碳大量产生，气体离子化程度逐年增高（杂乱的空气分子进入燃烧炉或中频炉进行燃烧使得其离子化），极端气候形成，酷热、极寒、台风、龙卷风、暴雨、地震、火山爆发等自然灾害不断加剧。

火山喷出的物质有熔岩流、水、各种水溶液、碎屑物，而气体物质有水蒸气和碳、氢、氮、氟、硫等氧化物，还有电磁、声、放射性物质等。可以看出火山喷发是地球表面火（光磁）圈不断杂化后温度变化的结果。我们知道地幔与地核熔融的岩浆温度非常高，地壳表面由于有几公里的硅铝层形成快速圈层运动，但只要硅铝层出现破损就有可能出现熔浆喷发，越往地表地壳外温度越低，因此，地球内核层熔浆有压迫喷出岩浆就是局部地区圈层密度减弱而释放压力与温度的过程。释放过程中与空气中的碳氢氧生成二氧化碳、水汽等无机物消失在空气中，而地球表面空气中的氢、碳、氧圈层因浓度较少，空气中气体杂化程度高而受阻，难以形成更大范围的次圈层，因此喷发到一定程度后就会自动停止喷发。

从化学结构的元素原子或分子排列看构成物质，也可以认为光磁火"8"圈同样可以以一系列的圈层来说明物质的连续性和联系性。只要频率相同就有可能被链接成一系列的圈层。化学反应的圈层往往是单一的，因此它形成的物质相对单一，而有机生物可以形成三层以上的圈层，而且可以形成旋转的多级变化，因此显示出它的稳定性与灵活性（生命性）并存。

从宇宙元素分布多少来看，元素分布最多的氢元素宇宙星球，其周围只要有大量的氢元素，在有氧条件下可能燃烧，就可以形成火（光磁）中心，就有可能形成新的星球，因此氢元素的来源就变得非常重要，氢元素可以认为是光磁波交汇而成的。单独的氢单质在自然界存在比较少，多以氢分子存在，也有可能是其同位素，如氘氚等，与氦等形成更广泛的活动空间，集聚燃烧就有可能形成有形个体，水只是其中之一的一分子。

氦原意是"太阳"，此名来源于希腊文，通常情况下是无色无味的气体，是唯一不能在标准大气压下固化的物质，是法国科学家让桑赴印度观察日全食利用分光镜发现的一条黄色谱线。氦存在于宇宙中，按质量计占23%，仅次于氢，它在自然界存在于天然气体或放射性矿物中，在地球大气层中的浓度非常低，只有5.2万分之一，α粒子是氦的原子核，氦有天然同位素氦3、氦4，分别由两个质子与一个中子、两个质子与两个中子组成。当温度低于 –271℃ 时，液态氦突然停止起泡，同时密度也突然减少了，可以逆向超流动性。金属在低温氦环境中，原子核运动几乎停止，电子的电阻几乎消失成为超导体。由于磁力线不能穿过超导体，于是超导体与磁体之间存在较大的磁场，磁场的磁力可以将铅球与磁铁浮在半空中，这叫作迈斯纳效应。

氧是自然界分布最广的元素，它占地壳质量的 46.8%，是丰度最高的元素，在宇宙界中的含量也仅次于氢与氦。在高温下很活泼，其电负性仅次于氟。氧原子外围电子数为 6，这六个电子中，四个组成两对，其他两个单独存在。也就是说氧原子是往一个方向旋转的，具有旋光性。自然界都不存在单个氧原子，氧总以分子状态存在，呈现双螺旋结构，具有顺磁性。25 亿年前氧气开始在大气层出现。氧的另一个同分异构体是臭氧，在海拔高于地表 20～35km 同温层存在，具有反磁性。臭氧层能够隔离来自太阳紫外线的辐射，但在地表形成一种污染物，主要存在于光化学污染中。

从水火形成的原因来看，水火 "8" 波圈最显而易见的是碳氢氧圈，先谈谈氢圈层。1766 年英国化学家发现了氢元素。氢元素是宇宙中最多的元素，其数量比其他所有元素总和还要大 100 倍以上，占宇宙总质量 3/4 还要多。氢存在于水与几乎所有动物中，可以认为是 "8" 波圈的引燃剂或助动剂。事实上光磁圈是难以找到核的，它是否就是氢核圈裂变态？除了稀有元素外，几乎所有的元素都能与氢生成化合物。氢是否就是燃烧之祖、运动之母？氢元素只有一个核质子和一个圈层电子，非常纯洁单一。两个核质子叫作氘，它由一个质子与一个中子组成；而氚原子核是由一个质子与两个中子组成，旋转非常快，具有放射性，主要用于热核反应。目前也发现有氢 4、氢 5、氢 6、氢 7 这样的元素，是由一个质子分别与 4，5，6，7 个中子混合构成。

简易气体一开始总是由纯洁单一的元素圈层所构成，而氢在高温下几乎与所有元素起反应。惰性气体为何不能起反应？只能说明其外围电子闭合性好，旋转慢，饱和度高，对外难以辐射成一定强度的波圈，与氢这样的纯洁元素难以融合，无法交换波线。

由于光（氢）的连续性，也就形成了火水圈层的连续性，更构成了时间与空间的广泛连续性。光磁"8"圈与时间相对应成为单一线性方向的连续性；氢火磁又与空间构成单一个体旋转有限性。由于旋转的极限性，人的感觉对固定某一点极快速度旋转与其静止几乎是相同的，难以分辩，因为其均存在绝对虚空的可能。也就是说一个旋度无限大无限细的光线向前行进，根本无法感知它在动还是不动，因为均不能构成反射。由宇宙最多元素的氢与地球最多元素的氧碰撞燃烧，就会形成覆盖地球表面十分普遍的水了！

再谈谈碳圈层。碳具有四个外围电子，相对对称。我们知道四个点容易构成一个平面，一平面形成光线其传递速度比较快。拉瓦锡1743年发现碳元素，他在燃烧石墨与金刚石后观察到二者都产生了二氧化碳，因而得出结论，金刚石与石墨含有相同的"基础"，该"基础"就是碳。而后美国的化学家哈里劳特又发现了碳60，是金刚石与石墨的第三种同素异形体。全世界18万种化合物，绝大多数是碳的化合物。可见碳是地表化合物火（光磁）化极其重要的元素，特别是生物变化形成"8"波圈必不可少的元素。我们知道，火是以线或面的形式快速传递的，碳化只是将火暂时封存的方式之一，碳火或氢火随时可以被激活，以光的形式使得同频率的光相互融合形成纯洁单一的光磁火"8"波圈。

目前纳入元素周期表中的元素以双原子的形式存在于自然界的气体主要有氢、氧、氮、氟、氯五种元素，化学反应中得失电子氧化还原反应都是在一定的密闭空间中进行的。得失电子时，元素一般不会变化，也说明了该圈层总体稳定，只是电子层外围的排列组合不同罢了，可认为只是单一的土——气反应。

所有的化学反应均与波圈的变化相联系，也就是与能量的变化相联系。高温高压催化剂均可使某一反应进行，使一种物质变化为另一种物质，但其最基本的核心组成没有变化。碳还是碳，氢还是氢，氧还是氧，但几乎所有的反应都没有离开过氧，即氧是光磁火"8"圈最基本的物质，可以形成光磁火"8"波圈，由小变大。

有机物都有膜，其外圈的存在与内圈唇齿相依，燃烧后内外圈破裂，体积明显缩小，也就是我们所说的飞尘。而金属单质在有氧的环境中，如铁、铝、铜等在有氧的环境中燃烧，金属单质变成了氧化物，其重量增加了，圈层更大了。由于杂质多了，其导电性、稳定性也相应衰减。铁会生锈，铜变成铜绿，变脆了，强度也明显减弱。

有机物燃烧后变成碳说明它是由碳元素组成，有机物煮熟后其分子式为何没有相应的变化呢？如鸡蛋大多由蛋白质组成，煮熟的鸡蛋还是由蛋白质组成，但其性质完全变了。因为煮熟的蛋其蛋白质"8"波圈被杂化了，表面波线基本消失，与外界无法交流，只能算是有机物，不能再是生命体了，因此其流动性很强的液态波线收缩成固体核结构。但为什么用化学法检验其成分又是一样的呢？原来我们的化学法用的是原子吸收光谱大都是燃烧后分析其气态元素的谱线的，因此是分不出生死蛋白质的。

磁铁吸引原理也是在铁通电以后，铁金属形成闭合的电圈，电圈又激发形成磁圈，磁圈变化越快，形成的负压越强，容易将同类型的铁元素吸引，产生磁力。磁场是有旋场而不是势场，不存在电势那样的标量，磁力线是多层级向外扩张运动的。

磁场与金属联系在一起，说明其对外扩张性、连续性与变化性；磁场与火（光电）联系在一起，说明它由具有与电一样的闭合的波线所组成；磁场与含有碳氢氧生物体联系在一起，说明生物源于磁场，源于流动的光圈。所有生物均具有一定特定吸收图谱，它可以用光谱对其元素的组成与变化进行测量与定量分析。

奇点的世界是否可信？笔者认为，奇点只是从一个侧面观察世界的结果，一条直线事实上从侧面看是一条线，从正面看是一个点。如果它没有闭合，人类无法观测到它；如果它闭合，就可能形成一个面可以反射了，它也就有了时间与空间。越纯洁的线闭合圈越大，那么它的时空观越大。基于人类观察反射物的能力，只有圈才可能是持久的、变化的、可观测的；否则是虚妄的、不可知的。这个圈组成面，面构成"8"圈。对内外环不断从外界吸收小波圈进行能量补充，并形成具有中轴的有形个体，同时不断向外辐射杂乱的非闭合波圈。波圈的融合，对生物来说就是食物链金字塔，即大波圈融合小波圈，小波圈破损辐射滋养成长新的大波圈。内外平衡后，新的大波圈与中心轴又形成新的小波圈，在时空上形成"母—子"代际遗传。对星球来说可能也存在同样道理，只不过星球的生命周期非常长，波圈形成与消失的时间更长。

傅里叶指出，力学理论不能应用于热效应。因为力学中总需要有外力，该力如果是闭合状态的，那么它难以变化发展。要想某有形实体变化发展，必须与其周围空间的非闭合线构成联系，增加或减少闭合线的大小、粗细，使得其存在与变化发展。热就是一种增加或减少波的集聚现象，同样信息记忆也是将一种信息波复制在大脑皮层上，所有证实均是将某一圈层印象加到另一标准的圈层表面上，使得其相符合或相融合。化学分析某元素均是将该物质燃烧生成特定的波，若符合某一特征波，就认为具有该元素。目前的化学又将热力学问题提出来，并成为独特的一套理论，其表示方式是以能量的变化来衡量，能量的变化就是力的作用，能量的这种不完全闭合相对稳定的状态就被赋予新的意义。

生物热能量的变化总是以旋转的光磁火"8"圈形式存在，其保持的力量主要靠氧气或水，因为只有氧气或水可以保持相对稳定的温度且可以保证其形状越来越大，而不至于其过分发散而消失。可以发现，地球表面几乎所有元素均以氧化物的形式存在。只有能循环的氧圈层才能保持其界面越来越强大，生物基本具有70%左右的水分，保持水就可以保持热源不会轻易散发掉。那么其他星球也具有氧元素吗？这有待我们去证实，笔者认为至少具有圈层元素才有可能保持其形态稳定。

对于一个相对固定的圈层，要维持它的存在必须使进口波圈（能量）与出口波圈（能量）相对平衡。如果进口能量大于出口能量，则成长长大；反之，则会缩小甚至消失。我们可以发现小孩在小时候总是水灵灵的皮肤具有弹性，出口能量少失散较慢，随着年龄增长皮肤失去弹性，水分不再保持就会很快衰老。

按照圈层原理，若每一个圈层之间的空隙越大且变化越大，其负压就会越大，吸收周围的不闭合圈的能力就会越强，使其汇合、碰撞、聚焦的机会就会越大。按照多普勒原理，其波长离太阳核心越近则越短，越远则越长，符合明显的压缩相舒张扩散机理，也与宇宙膨胀理论相符合。这也可以说明从膨胀到收缩是长波红移到短波蓝移的过程。同理，植物与动物也存在短波蓝移与长波红移的问题，短波越短，依附在大圈层越实，主要是垂直上下移动；而长波完全可以脱离大圈层自由远距离平移。正是因为太阳周围的光波频率不一致，导致各种不同的光线对外扩散。太阳系的九大行星均可以依赖其可依赖的界面（轨道）绕其运行，长波红移至更远的地方，短波蓝移至相对近的地方。也解析了我们的天空充满了蓝移短波——蔚蓝天空，同时也会发现红移长波——星星与太阳、月亮；植物依赖蓝移短波相对固定于地表，动物依赖于红移长波，可以脱离可依赖的界面进行地表运动。

长波与短波的存在均要靠可依赖的光磁火"8"圈中心火源源不断

地向外发射形成，否则就会消失，其相互作用的光磁火"8"圈中心就会相对固定。对地表来说就是氧圈层与碳圈层或水圈层，对太阳来说就是氢圈层与氦圈层。虽然拉瓦锡在 1782 年的实验纠正了两千多年来把水当作元素的错误观念，但氢圈层是有可能存在的，因为它受摩擦发光形成太阳光，从原子分布来说就像两个长长的"8"圈不断延伸，点燃不纯的氢可以发生爆炸或者将金属置换出来，可以发现氢圈层与外界关联度相当强，H_3^+ 在地球上少见，但在宇宙中常见。氢爆炸可以看成形成的圈层内压远远大于外压所导致的。

　　几乎所有的波圈存在均是由持久的波源来补充，这种波源就是可依赖的界面，否则它就会在空间中发散而消逝。波源的补充均是由时光——不闭合的同频率光波来实现。爱因斯坦所谓的扭曲的思维时空观也可以说明，其质能方程 $E=mc^2$ 也说明时光的作用。能量是光速平方的量度，是光在某一空间表面的闭合值。微积分分析法将某一常数展开为无穷级数也就说明了波的波动原理，一级一级细分至无穷小或忽略不计。

　　弱相互作用力圈层的厚度依靠什么力来维持？前面提到，某一物质的旋度越高，其速度非常快，在该物质产生处受外环境的阻力影响，会随外环境的温度或阻力变化而同步变化。若外环境的温度或阻力由低向高增加，则该物质以快速的面状扩张；若外环境温度或阻力由高向低减少，则该物质以较慢速度体状扩张而形成有形的实体。地球固体圈层与大气圈层符合此情况，动物的生殖会出现这种情况，植物的种子遗传也会出现这种情况。人类未成年到成年的青春期精气逆反形成精子或卵子，植物在秋天阳光由长波转向短波，气温下降出现聚焦凝结成精华，再生 DNA 以遗传下一代。这也许是物极必反达到平衡而再生的原因吧。

　　这种外界光环境由长波转向短波的现象也可以理解为多普勒光波

蓝移收缩的现象，收缩越快，其形成弱相互作用厚度越厚，强度越强。短波收缩是鸡蛋蛋壳形成、硬壳动物或坚果植物快速放热形成的原因，也是白天日过中午长波红移，到傍晚短波蓝移使得天空阴暗的原因，更是冶炼金属在燃料燃烧后融化使得原子态金属扩张红移到急速冷却短波蓝移而出现反光分层现象的原因。由于金属比重的不同使得纯洁的重元素向下形成，只要该元素相当纯洁且与其本身的反光光谱相一致，那么其导热、导磁与导电必然会相当良好。

因此，光磁火"8"圈中心火升温扩张成面，降温收缩成体的原理，适用于当前各种自然现象，可以说具有普遍的意义。严格来说，正反双光磁火"8"圈中心火是自然界有形物质界面存在的基础，也是其运动动力的来源。活塞往复运动、有规律旋转等均可以形成正反界面差或双层电场，只有形成双层电场才能保持其界面的稳定性。

光磁火"8"圈波的存在由可依靠的界面所控制，波圈的生命周期由其"中心火"的生命周期所左右，犹如薪火相传，直到永远。波圈的存在与其扭曲度——旋度密切相关，旋度越大的越纯洁的波圈，其波长越长，个体越大；否则其散度越大越繁杂。波圈的形成是固化扩张的过程，又是不断杂化消失的过程，还是虚化重新组合的过程。因此可以说，生命是熵的减少，死亡是熵的增加，这也许是宇宙的本质就是不断创造——永久、持续形成新的背景物质。

如果宇宙不断向外扩张，其扩张的圈层波线上会越来越稀薄，但稀薄的同时，会有更纯洁的波线产生，这些波线就是联系内外环境新的支撑点，具有外圈波线圈存在，必存在聚焦的内圈点的规律。内圈点就是"中心火"的聚焦中心点。"中心火"的旋转越快、越强，其个体形状也会越大。因此可以说，宇宙就是一个大的"中心火"圈套小的"中心火"圈，形成一系列的光磁火"8"圈，这也许是银河系圈、太阳系圈、地球圈、生物圈、水圈等圈层意义。波圈演绎可以从球面放光体观测到。如果某一光洁球面周围有多个光源，那么投射到该球面的同样多的光源且个体同比例缩小印在该球面上，只要光源变化，该投射体会相应变化。

宇宙背景辐射可以认为是光磁火"8"圈不断对称性破损的波圈脱离母体光磁火"8"圈的结果，这个世界的发展就是不断对称性破损使得大的旧波"8"圈，由高速旋转形成新的小而纯的"8"圈的结果，构成了物质循环往复，能量周而复始永恒向前进化的结果。

有形个体形成之初，基本上是比较均匀的光磁火"8"圈，但随着"中心火"圈的不断增加，其吸收的内压大于外压，使得内外波圈层级变化。当内层圈温度变化大于外层圈温度变化，就会杂化为中心脊固体；当外层温度遇冷使得外层圈层温度变化大于内层圈层温度，就有可能出现外壳先行杂化成固体。

6. "中心火"圈的意义

现代科学认为，一切高于绝对零度的物质均向外发射热辐射，这从另一个侧面说明光磁火"8"圈中心火是构成有形实体的基础，也与爱因斯坦认为宇宙是"有限无边的"相吻合。笔者认为，光磁火"8"圈有形个体的运动就是一个或数个有形圈不断旋转，不断从外界吸收原子光磁火"8"圈线，不断向外辐射并反射的过程。当吸收量大于释放量，则个体膨胀长大；否则，个体收缩衰亡。

有形个体光磁火"8"圈中心火形成的中心脊往往是由相对固定的杂圈来稳定的。中心脊内外表面往往由相对纯洁的光磁触觉圈所笼罩，由于光磁火"8"圈相对稳定，犹如内核或鸡蛋黄，往核心处就会有稳定的中心脊；它是由不封闭的光圈和相互依存的磁圈共同构成。当吸收通道与发射通道畅通，外环境的波圈频率与其相同或相近，就会发生吸收叠加或发散削减，从而推动该有形个体的有序运动或变化。

中心脊犹如电磁波向某一方向传播遇到阻力产生变化才有可能形

成，因为变化的电场才能产生变化的磁场。如果在相对平缓的界面上，往往容易出现大量相同或相似的同类型的微小中心脊。比如大面积的草场、大片出现的原始树种、大数量的蚊虫、鱼虾卵等，均是由某一平面的微光磁火"8"圈向某个方面传播遇到同样的土（碳氢）界面遇阻力而形成的。我们所知的微生物许多就是动植物光磁火"8"圈界面上依附的更微小中心脊光磁火"8"圈，甚至一些因为太小其覆盖的电磁场云几乎可以忽略不计，但它的影响是非常大的，它的圈层的破裂建立通道进行内外物质与能量的沟通必不可少。

洛伦兹变换公式大多适用于光磁圈的线与面的运动转换，以线与面的快速转换或变化只是将光磁火"8"圈压缩或拉长。当拉长成直线时，就出现了以光的极限进行直线传播。当一端密集一端开放时，从侧面看只能汇聚成一点时，从正面看只有核与外围圈云，就出现所谓的奇点或粒子。但不管怎样，它都是不均一或不平衡的，否则宇宙就会静止或死亡。

麦克斯韦统一了电学、磁学与光学理论，认为光就是一种电磁波。爱因斯坦提出相对理论又将电动力学与量子力学合并为量子电动学。电流产生磁场的原因只能归结为运动电子产生磁场。磁场是外力通过能量转换的方式在运动电子内注入磁能物质，由电流产生磁场或带电（电子或质子）粒子的点电荷产生磁场，是大量的运动电子（或质子）产生磁场的宏观表现。

狭义相对论认为，电场与磁场是电磁场的两面，只不过是参照系不同罢了。磁场是有旋场不是势场，不存在发出磁力线的源头，也不存在汇聚磁力线的尾闾。科学家认为，纯磁场和纯电场是虚光子造成的效应，犹如火一样。当施加外磁场与物质时，磁性物质的内部被磁化，会出现很多微小的磁偶极子。创建磁场需要能量。磁场是看不见摸不着的特殊物质，它总以光速向四周传播，形成电磁波。电磁波可以与实物相互作用，可以与粒子相互转化。

德国哲学家谢林认为，电是宇宙的活力与灵魂；电磁—光—热现象是相互联系的。奥斯特、法拉第相信电、磁、光、火相互联系。研究人员指出太阳宁静区一磁节点范围不到 200 公里，而它们的磁通量竟占整个宁静区的 90% 以上，磁终点的磁场强度可达上千高斯，而日冕宁静区只有微弱的 1～10 高斯。太阳风所携带的磁力线不是直线，而是螺旋线，能延伸到地球外围空间，磁场强度不到万分之一高斯。地磁场被压缩在地磁层的范围内，不能向外延伸，人们对太阳磁场的测量只限于太阳大气。火星磁场只存在短暂的时间后就消失了，有人认为是火星内部原有对流现象太弱，使得其为原先的百分之一。笔者认为，由于没有大气圈或水汽圈的阻力，该磁力线很快就变成了直线。

磁场由小到大、由内向外扩张，呈现多圈层界面的关系。电场是静态的界面势场，而磁场是动态的有旋场，但总是相对闭合的。电场对内是闭合的，但同时对外是开放的。电场更多显示出中心脊，相对固定同一层级的电动势会相等。电场变化速度越快，磁场越强，对外形成的辐射影响范围越广。

电场可以看成相对稳定的界面场，形成一个回路，具有电动势；磁场是变化的电场由小变大而形成的，可以将其看成正向扩张与反射波传播的正叠加，同相叠加越多，显示出波峰与波谷越强，越易形成界面，同时混杂的波越多，其固化稳定性越好。但如果形成的界面波长长，使得其容易穿越波长短的圈层，难以形成反射；若形成界面波短，垂直其波的纵面波难以穿越，则易形成反射。磁偶极子可有两层以上，但几乎都由电场界面所控制，变化越多，磁偶极子越多。一旦成形，就以此为基础不断扩张形成有形个体。可以认为，光磁火"8"圈内旋多显示出电场，外旋多显示出磁场。

所有固化也许是两种或两种以上的波交叉产生光磁火"8"圈聚

焦，同时又快速释放的结果。长波的种类多，相互交叉的情况会多，产生的反应或变化会多。高温的物质与低温的环境容易被反射形成界面。因此可以说内外波圈的温差或能级差决定了某界面形成的强弱。

人为形成的"火中心"聚合作用多人为控制，规律性不强。例如，火电厂发电只是一个聚集能源的地方，它可以使周围环境发生变化，但难以发生有规律的变化。燃料燃烧产生火越旺，只能代表发电量越多，生产的东西数量越多，特别是高耗能的原子线圈越多，如钢铁、水泥、陶瓷、电解铝等耗能产品多，只能说明产生杂化的无机物多，并不能说明原子线圈可能聚集有机实物，反而可能会出现大量的废弃物。因为光磁火"8"圈变化越快，新老更新速度越快，发散形成的污染物会越多。如果地球表面本身能量一定，一个表面区域能量集中，同时其他物质可能会相应减少。也就是说该区域适合人居住，就不适合其他动物居住，因为光磁火"8"圈自然形成的要素是一定的，一家独大后消耗的能量使得其他家供应能量就会相应减少。也就是说人为光磁火"火中心"可以聚人气，但不可以聚生物气。

现代科学也证明，太阳系星球包括太阳、地球运转的周期也是不均一的，存在一定程度的章动和进动（岁差），也可认为是星球运行轨道虚圈运行的变化，与该星球的外表面的光磁圈的波长、频率密切相关。相对论认为 $E=hr$，能量是频率的函数，也可说明星球转动的快慢与星球吸收外来波的频率或数量密切相关。

7. 原子线圈与分子面圈

笔者认为，原子线圈与分子面圈是构成自然运动物质的基本元素。原子线圈包括光信息圈、电磁圈、火圈、原子外围的电子云圈，可以称为显性的光磁火"8"圈；分子面圈包括水圈、土圈、大气层圈、原子核内层圈，可以称为隐性的光磁火"8"圈。原子线圈的速度快而虚，分子面圈的速度慢而实。所有圈层均由线先由"8"圈构成一个内凹平面，再构成一个扭转曲面，最后才能构成体。同一个平面可以进行交流与变换，简单的圈层很少超过三层。光磁火"8"圈内凹平面像蝴蝶的一对翅膀，也像动物的一对对肋骨由粗到细向外扩张，只要它是活的或自然运动的，均形成一个辉圈。

（1）原子线圈。

先谈原子线圈，原子只有原子核圈与电子圈。只有内凹才能不平衡，才能构成运动且"一伸一缩""一张一合"。元素电子云外围有八个电子相对稳定，但更多的元素只有两个就稳定了，外层两个电子只是一个内凹的平面圈，存在正反两种方向的旋转，内层八个电子似乎是四个方向的光磁火"8"圈。只有扭曲的光磁火"8"圈才可能成为球形。光的存在可以认为是扭曲的光磁火"8"圈不断拉长运动在遇到同频率光磁火"8"圈后，产生共振转变为火热圈，断而失去或得到电子圈而形成的。火圈是光磁圈的基础与核心，它可以将不同波长的波集中又将其扩散，是一切有形物体存在的根源。首先，火圈是可见光磁圈，存在以小光磁火"8"圈接大的光磁火"8"圈旋转的流动势能。其次，火圈的扩张能力强，很快形成闭合空虚体，越是真空状态，其负压越强，吸引外来波圈物质进入该光磁火"8"圈能力就越强，外来物质进入该波圈重新摩擦引燃产生更多的扩张波将其撑大。波的这样"一张一合"就可以形成更大范围的波圈。

火圈的扩张是由面向体的高速扩张。如果外来物质（小波圈）供应不上，当内压小于外压时，该波圈要么缩小，要么熄灭。因此外来物质这一可依靠的界面持续释放的能量（波圈）非常重要。如果该界面范围广、连续性好、旋转速度快，总能量多，则威力大。体现在个体形态上比较大，速度快。若属于生物圈则属于生物链金字塔的顶端。碳氢是火圈形成的重要元素，当前人类利用的煤、油、气均是以此为基础的能量源。而核能、风能、太阳能以及水能等均离不开氢或氢离子或中子的高速扩张运动或燃烧，而这些运动又是以高旋度的等离子体流动为基础的。

"中心火"是圈层结构，对生物来说，要么是以直接的碳氢圈层补充，如植物吸收阳光；要么是以间接摄取的碳氢圈层补充，如动物摄取碳氢化合物转化为火进行吸收。那么对星球来说是否也存在这样的现象呢？行星的运动吸收了恒星的光磁火"8"圈，如地球运转则吸收了太阳的光火圈，而太阳的运动又是否是吸收了银河系的光磁火"8"圈？

物体温度越高，辐射的波长以短波为主，也就是光磁火"8"圈层级多且闭合性好，难以发散。太阳温度高，表面温度达 6000 开〔尔文〕，以辐射短波为主，而地球辐射长波，大气不能吸收辐射短波，但能吸收辐射长波，而使地面保温、升温，因为大气中的水汽、二氧化碳、甲烷、一氧化二碳、臭氧吸收波长与太阳辐射长波相一致。地球大气这种保温作用好像花卉的温室房顶上的玻璃，因此叫作"温室效应"。

太阳光波由于旋度非常高，光磁火"8"圈闭合性好，一般不易向波线圈外辐射能量，因此它照耀到地球大约只要 493 秒，说明其光速是非常快的。太阳自身波只有非常细才有可能达到这么快的光速，否则难以快速照到地球。细长光波在没有遇到多少阻力时，其分裂辐射形成的波自然小，波越短形成的电子圈被检测的可能性越高，因此太阳光波以短波为主。

越是大的光磁火"8"圈其触觉受周围环境的影响越小。前面分析过，只有细小的且纯洁的光磁火"8"圈才具有巨大的生命活力，因为光磁火"8"圈运动往往是由原子线圈来驱动的，原子线圈越细越长，其动力越足，也就是可以解析巨大的太阳光可以驱动地球、月球运动了。生命也基本离不开太阳光来驱动，因此，人们常说万物生长靠太阳。

原子线圈是一切信息传播的基础，目前人类广泛应用的电磁波是通信的基础，大都是通过金属原子或者光纤传递的。由于传播的光线是线，使得其信息总是以图形或声音表现出来。目前新兴的光遗传学是一门 2005 年才诞生的技术，通过光可以在神经细胞中表达光敏蛋白，响应不同波长的光刺激，实现对神经系统的调控。在荧光蛋白上连接能够感应电压或者钙离子浓度变化的蛋白，那么在神经元参与大脑的活动中，就会发出耀眼的闪光。这些来自眼睛的光信号进入视网膜转变为电信号，通过神经元进入大脑，来控制我们的活动。进一步说明了光是原子运动的必须具备的工具，是原子线圈电子层打开并与外界联系的基础。原子的单一纯洁性更能说明比氢元素更小的最外圈层就是无核的光，只有激活光才能产生响应而出现各种不同形态的运动。

（2）分子面圈。

前面讲的土圈、水圈、大气圈和原子核圈均属于此类型的圈。

①土圈。

土圈是隐性光磁火"8"圈相对稳定的介质，可以认为是碳、氢、氧、钙、硫等易燃元素与不燃元素构成的圈层，其变化越小，相应的光磁火"8"圈触觉越不发达。当其光磁火"8"圈触觉消失时，就变化成为纯粹的"8"圈，难以产生反应，会出现相对稳定状态或死亡状态。如钢铁、石头、人造机械或器具，甚至动物的外壳与附属物、牛皮、衣服、棉花、羊毛等。即使内外"8"圈完整不变，一旦失去触觉难以重新恢复。

土"8"圈多是燃烧的产物，生物本身是由两层至多层光磁火"8"圈组成，当燃烧后，各光磁火"8"圈破裂后，形成灰尘或稳定态的光磁火"8"圈，难以使其再出现生命。如鸡蛋煮熟后，其光磁火"8"圈触觉基本消失，生米煮成熟饭无法恢复生米状态，不能发芽，可以认为高温破坏光磁火"8"圈触觉。低温同样会破坏光磁火"8"圈触觉，但有些生物通过解冻可以重现生命，前提条件是光磁火"8"

圈处于未被破坏状态。被高温或低温破坏的"8"圈还可以作为一种原始的小且纯光磁火"8"圈被激活，可以作为植物的原料，但必须在有水的情况下，其光磁火"8"圈才会复活。我们发现春季干枯的平原出现草原、枯死的树木可以重生。只要其周围的光磁火"8"水圈环境能起作用，保持原有的状态就有可能再生。由于远红外线、水分子、碳氢分子的波长相当接近，容易形成碳链光磁火"8"圈，可以使消失生物圈重新复活。

②水圈。

"中心火"燃烧形成的水流也是河流由高向低运动的源泉。"中心火"将液态水蒸发，形成相对分离的具有一定空间的水汽团或水滴，从对流层进入相对稳定的平流层。我们经常可以看到天空有一条明显的分界线——水汽团或云团，在天空上飘浮而不下沉，它与高原火山喷发形成的冰川联系在一起，构成了高原水塔，同时也是河流的发源地。我国青藏高原、云贵高原是长江、黄河、珠江等主要河流的发源地，均是与当地"中心火"圈的存在密切相关。

目前地球上能观察到液态水具有明显水圈，水圈总是与氢氧圈联系在一起。太阳系最丰富的氢与地球最丰富的氧在火圈的作用下燃烧，成为覆盖地球表面水的来源。氧如果没有火，氢作为一种气体存在，只能作为光圈一种物质游离在最广泛的太空。氢元素是最轻的一种元素，在宇宙中覆盖范围大，覆盖在太阳表面的比重最高。当遇到火圈（氧圈）产生摩擦就会燃烧生成水，形成水圈。水圈是构成地表生命最基本的物质。火圈是电磁圈遇阻力摩擦后最靠中心基础物质，氢圈是光磁火"8"圈相对较远的外圈物质，内圈物质与外圈物质交叉摩擦就有可能形成新的波圈，产生不平衡的现象，就会出现运动。

水的流动好像是势能的不同使之运动，也就是从高处往低处流动。但人们忽视了水是如何来的，是从低处蒸发上去的，还是从高处降下来的，是如何循环的。如果以万有引力定律说明地球上物质存在指向地心的引力，是否可以理解为"中心火"定律呢？火使物质按热力学第二定律由有序向无序或从内向外扩散，但在扩散过程中由于自身波圈扩张压力变小形成负压，又使得外来波圈由外向内移动，产生引力。同时自身波圈向外扩张到一定程度会使波圈线断裂，由有序向无序发展，最终消失在太空中。表现为旧事物不断湮灭，新事物层出不穷。

水总是往下流，试图找到自己的归宿，因为它只有与同类型的物质才能进行更多的交换，使其生命周期延长更久，因此水要魂归大海。水总是在水平方向上快速消亡，不管水经过何种扭曲，何种分割，它依然是独善其身。水平面光磁火"8"圈只有在获得垂直升降圈的作用下才能显示出其立体扩张型性格。因此也可以说水具有自由发展的特性。水在江河湖海中显示出平面的光磁火"8"圈特性，在云层中也显示出平面的特性，只有在光磁显性火"8"圈的激化下才以螺旋式上升，形成气流与云雾，最终形成降雨或消失在空气中。形成降雨是大圈层破裂使得小圈层不断摩擦形成光电燃烧成为液态的隐性光磁火"8"圈降落地面，流向江河湖海。

大家知道，空气中的水分是非常大的，常以湿度来表示，但我们并不能看到空气中的水珠，除非是雾。事实上雾是凝结成水珠后形成界面才可能看得到，但凝结的大都是低于常温空气的大隐性光磁火"8"圈层上，包括墙壁上的水珠、玻璃上的水珠，甚至天空中的雨滴与雪花。北半球六月天下冰雹就是水"8"圈摩擦不断强烈放热与吸热的结果。

河川溪流的水为何总是显得清凉，因为它是流动的，具有光磁扩散的性质，也就是这些个光磁火"8"圈总是在无限地拉长，释放大量热量。当其拉长至平面或直线形状时，其蕴含的热量几乎非常少。清凉清澈是河水之歌，喜马拉雅山下的融冰化为水是非常清澈冰凉的。

纯洁的光磁表面光滑，像牛奶一样，像婴儿的皮肤一样光嫩。当你站在洁净不动而底部黑沉的水面，可以看到自己的倒影是如此之美，纯洁又孤独的影像是水的双重天赋。泉水叮当响总是给人一种美妙的想象，当你潜入深海观察海水时，感觉深蓝的海水与深邃的天空一样令人神往。清澈河水缓缓流动，在阳光下泛着深蓝与白光，使人心旷神怡，梦回故乡，这种河水带你的影像重新回到你孩提时代那种无忧无虑的美好时光。

清凉是一种将身体沉积物化解的方式。从某种角度来看，清凉是将厚重的光磁火"8"圈重新激活，使其将水的圆圈以平衡连接状连接穿透，让其贯通产生新的更替与置换。当新的光磁火"8"圈出生时，就意味着纯洁与新生重新开始，也将旧的光磁火"8"圈挤到环境中更新自身的光磁火"8"圈，实现生命的逆转，多么令人兴奋与激动，犹如春天的嫩芽与花朵重现生机。

同时死亡也可看成是静止不动光磁火"8"圈，缺乏光磁火"8"圈能量的交换，只有闭合的光磁火"8"圈，没有变化，没有转动，没有与外界进行光磁火"8"圈交换。比如棉花变成了棉布，牛皮变成了皮鞋，竹子变成了纸张，死亡就意味着水圈对其失效。而火使其光磁火"8"圈更加破损，变成更加细小的光磁火"8"圈，使人再找不到它的灵魂和生机，变成更多的阴影与沉重。

在观察水的精神时，加斯东·巴什拉说，用尖刀横切流水，流水并不因尖刀而断裂，抽出刀时流水不留痕迹，而刀尖横截两条液脉，强大的液脉并不马上弥合，这种水的奇特的光磁火"8"圈是任何想象环不能比拟的。动物的血液、母亲的乳汁均具有这样的特性，滋养身体直到永远，这就是血脉相连，代代遗传。

海水为什么是黏性的，是不是它含有火的成分，因为含有火，所以其泡沫是白色的。如果用光磁火"8"圈来解析，是因为平面的水圈与垂直的光磁火"8"圈相互作用形成一种立体的光磁火"8"圈，以一个中心轴为中心，胶着双螺旋形成双界面，形成正反两方面的旋转结构，产生新生命。

人为什么喜欢淡水而不喜欢海水，因为海水苦涩难饮，人的舌头以淡、甜、弱碱为宜，以冰爽为宜；细则润，粗则阻。水甘甜柔润心灵，使其愉悦。盐阻止人遐想，甜蜜地遐想。自然的遐想永远是淡水，使人解渴、凉爽的永远是淡水。溪流、瀑布具有人类自然会理解的话语，如华兹华斯所说"那种人类的音乐"——温柔的、忧伤的音乐。

海水的流动的动力在于隐性光磁火"8"圈的摩擦与循环，否则就会变成一潭死水，更谈不上一系列的小圈层，以及小圈层的叠加物生命的存在，也就难以解析鲜活的相互依存、相互吞噬的食物链与生物金字塔。

地球上的火以碳为主，当然还有钠、钾、硫、磷、氢等形成的火，还有坚韧的石块或铁矿以及天上的雷电碰撞形成火星，似乎只要有圈层摩擦就可能产生火花，但以碳与氢相连的链条相对较长，是构成生命物质的基础。氢火燃烧后变成了水。我们知道，氢是当今最轻、最简单的物质，也可认为是最纯洁的物质，只有纯洁的东西才有可能形成更大的圈层覆盖更广的范围，就好像鼓起来的气泡由光磁火"8"圈将其一个个串联又将其连接成一系列的平面波，泛起一道道涟漪，以平行式向外扩张。

③大气圈。

大气的存在必然以光磁火"8"圈为前提的。没有光磁火"8"圈，难以为气。大家知道，用火烧水，必然会出现水沸腾从而出现水蒸气，用火加热任何东西均会使其处于熔融状态。如燃烧生物会出现大部分物质以气态形式挥发掉，燃烧沙土会产生二氧化碳与陶瓷、玻璃、金属等，因此可以说火是气体存在的前提，不平衡运动的气体是所有物质进行物质与能量交换的基本媒介。当然将水放在空气中让其自然挥发，也是可行的，但周围温度要大于0℃，否则水会变成冰，难以变成气体，事实上也是由高温环境形成更大的界面由地面辐射热将其蒸发了，变成了空气湿度，若升腾到更高高度被界面冷凝，就成为云。由于云层具有曲面与凹面，太阳光长波辐射透过该面形成聚焦与发散，导致云层温度非常不稳定产生流动现象，云层流动就形成了大气环流或风。

水要形成云层，必须经历一个圈层管道，无形的圈层管道如龙卷风、台风，有形的圈层管道为高山上的雪山冰川，构成了两极圈点或圈层，大地、海洋与其上面的云层就是这样构成的。

火具有垂直升腾且分片分层的"8"圈界面，可以认为其是由光透过更大界面聚焦而成，或者通过坚硬的界面摩擦而成，聚焦而成的火往往具有持续的特性，而摩擦而成的火只能存在瞬间，若界面没有形成则难以持续"发酵"扩张。也就是说风可以将火熄灭，也可以将火烧得更大，关键看其形成的界面是否具有聚焦连续性。火中轴总是旋转向上剑指上方的，因为它蔓延速度快，人们常以火速来形容火的威力。火是特殊的等离子体，常以红外光谱与紫外光谱之间的可见光的形式出现，特别是波长长的红波较为普遍。许多植物的枝叶形状像火苗。由内向外不断分化成片状的碎片，呈现欣欣向荣的景象。而植物的根很少是片状，多以条状出现，显示出土、水、火三重形状的组合状。但也是由粗向细往四周扩散，基本保持"8"圈变化形状。所有生物均具有由中心向外扩张光磁火"8"圈，即固（圆球）—液（椭球、扁球）—气磁（线圈）—光（不闭合线）这样的形状变化结构。

所有的光磁火"8"圈层基本是由内外圈层的"8"圈外围触觉与内层"8"圈触觉摩擦进行热交换，从而产生光磁能量进行运动的，就好像原子外围的电子在旋转过程中通过摩擦自动从高能级态发射光子进入低能级态一样。内外触觉摩擦交换能量越多，说明运动越强烈，表现为速度越快，或者形变或成长速度越快。如人的出生期、青春发育期均是变化速度相当快的，因而其对外需要交换的能量或营养也会越多，否则错过了这段营养供应期，形体的大小就会受到影响变得矮小。植物的成长光磁火"8"圈来源于日照、高温天气与其上方覆盖的水气圈层厚度与强度。动物的成长光磁火"8"圈来源于父母方遗传的DNA圈层、体温以及摄取食物营养热量以及其本身消耗发散的热量的多少。由于生物自组织具有保护功能，当摄取高热量的食物时，就可以通过释放热量或运动来保持个体的体温，并保持基本稳定，而不至于出现疾病。这些运动可以是外界的"8"圈摩擦运动，也可以是体内通过呼吸或血液循环消耗多余的热量，并保持自身的机能正常，这些热量的带出往往是通过气体的排出实现的。植物是吸收二氧化碳产生氧气的，动物是吸收氧气产生二氧化碳的。植物的光合作用将碳链一步一步延长，形成多层的结构，而简单的植物与动物、微生物只能形成二至三层的基本结构，容易达到饱和出现平衡，难以出现更大的形体。也就是说两端闭合越紧，形成的扭曲的光磁火"8"圈数目越多，吸收碳链也会越多，层级会越多，个体会越大。

气也是子体光磁火"8"圈脱离母体光磁火"8"圈最有效的介质。不管是氧气还是二氧化碳，它们是哲学中流动性最好的气质元素。星球、种子（卵子）等均离不开气"8"圈，气"8"圈释放不均匀会产生转动或平动或扩张，光磁火"8"圈的触觉摩擦越强烈，速度越快。磁圈变化大多由气"8"圈拖动完成，如电磁场、地磁场、地球表面的微磁场等均是气"8"圈变速或匀速转动的产物。

法国科学家傅里叶与英国科学家约翰·泰多于19世纪先后提出二氧化碳与二氧化氢对红外辐射吸收，具有温室效应，二氧化碳以碳含量作为热值评估指标。红外吸收机理至今未见详细报道。笔者认为，远红外线与二氧化碳、二氧化氢分子外围光磁火"8"圈层频率相近，可以吸附相衔接，圈层两端越厚实，其扭转形成新光磁火"8"圈层越多，旧的光磁火"8"圈层破碎越少，当新生量大于旧消亡量时，生命个体就会长大。在化石燃料中，煤含碳量最高，石油次之，天然气最低，从其杂化度与流动性来看，杂化度越来越低，流动性越来越好，燃烧以后均产生二氧化碳覆盖在地球表面。假如地球没有温室气体，那么地球表面的平均温度只会是 −18℃，而不是适宜的 15℃，这 33℃ 的温度差是温室气体造成的，这些气体吸收红外辐射而影响地球的整体能量平衡。也就是说太阳短波通过激发二氧化碳中的碳原子产生热效应，而形成长波辐射，可以说吸收了红外辐射。大气辐射差额是指整层大气的辐射差额或某一局部层的辐射差额。当单位面积的地面直到大气上界当作一个整体，它的辐射能净值就是地气系统的辐射差额。无论是南半球还是北半球，地气系统在纬度 35° 是一个转折点，纬度降低时辐射差额是正值，纬度升高时辐射差额是负值，所以低纬度地区多余的热量是以大气环流形式输送到高纬度地区的。

温室气体大多是由奇数原子构成的分子，它们依次是二氧化氢、二氧化碳、甲烷、一氧化二碳、臭氧等，其中二氧化氢与二氧化碳占大多数，在高达 33℃ 的自然温室中，水汽的贡献约占 3/4，因此了解水汽的变化对气候的变化极为重要。

植物通过光合作用吸收二氧化碳的机理是什么？目前只有一个光合作用反应分子式，将太阳光的辐射能转化为葡萄糖或纤维素的内能，详细机理并不明确。

笔者认为，气体发出的光谱有线光谱与带光谱两种：线光谱是原子反射的，带光谱是分子反射的。大气中的氢原子与碳原子的易燃原子，受激发后会产生光热，所有的光热发射的波线会相互吸收而连接在一起，形成线光谱。如果是二氧化氢与二氧化碳分子受激活，会反射带光谱，带光谱形成圈层，很容易变成光磁火"8"圈界面。光磁火

"8" 圈界面层级越多，在每个表面聚焦的点圈也会越多，又会深化线光谱的形成。植物吸收二氧化碳的机理就是将空气中的 C 原子转换为植物体内的 C 原子长链，因为 C 原子线光圈反射与链接能力比较强，两端密闭性好，其分化的数量较多，内外圈层层级多（大多植物每年形成一个圈层），体积自然会增大。

用吸收理论分析，大气吸收太阳辐射的成分主要是水汽（红外区）、二氧化碳、一氧化二碳、臭氧（紫外区），而吸收长波辐射成分中，首先水汽吸收是最重要的，其次是二氧化碳、甲烷、一氧化二碳、臭氧，其他成分很少。水汽主要在对流下层吸收，臭氧在平流层有一定的浓度区域，或称为臭氧层，二氧化碳的混合比在对流层、平流层是均匀的。大气本身吸收太阳辐射并不多，大气吸收主要来源于地面发射的长波辐射。液态水在长波区吸收很强，在 100 米的云层相对于黑体，可以吸收大多数长波。大气吸收可以认为是长波在水汽光磁火 "8" 圈界面内不断反射、折射而聚焦的过程。只要水圈层或碳圈层层数多，均有可能聚焦形成小个体微粒，如 $PM_{2.5}$ 等。

水汽中的 H 元素覆盖范围广，容易激发，最有可能收缩吸收红外波。二氧化氢分子是一个不对称陀螺分子，以氧原子为顶点，构成一个等腰三角线，水汽最强、最宽的光谱吸收带是 $6.3\mu m$ 带。水汽有 $6.3\mu m$ 吸收带与 $2.7\mu m$ 吸收带，在紫外区为 $16.0 \sim 110.0nm$、$105.0 \sim 145.0nm$、$145.0 \sim 190.0nm$ 吸收带，对高层平流层紫外太阳辐射也可以进行大幅度吸收。

二氧化碳也是地球另一种重要的红外吸收气体，是一个对称的三原子分子，它在 $4.3\mu m$ 光谱有一个非常强的吸收带。同时还有 $10.4\mu m$，$9.4\mu m$，$5.2\mu m$，$4.8\mu m$，$2.7\mu m$，$2.0\mu m$，$1.6\mu m$，$1.4\mu m$ 吸收带，这些吸收带比较窄，只有 $0.1\mu m$ 的量级，在每一个吸收带中，包含很多的振动转动带，由大量的转动线构成。

臭氧是第三种重要的吸收气体，由三个氧原子组成一个等腰三角形，是一个不对称的陀螺分子，有一个永电极耦矩。臭氧对太阳辐射吸收占整个太阳辐射通量的 1.5%～3.0%。在整个北半球，大气臭氧所吸收的太阳辐射占 2.1%，在 8～12μm 大气窗区有窄而强的 9.6μm 红外光谱区有臭氧较强的吸收，其他吸收带都被强得多的水汽与二氧化碳吸收带所掩盖。

气体光谱吸收与植物光谱吸收二氧化碳的机理是什么？植物碳水化合物分子吸收二氧化碳，是因为二氧化碳反振动能级差与红外线能量相等，所以产生红外吸收。物体吸收光与热能，均是与光磁火"8"光圈两端的频率相似而融合的，同频率的波必须有连接点，完全闭合的光磁火"8"圈波线是无法融合的，只有波圈分解与破裂才有可能形成离子或分子（或称得失电子）进入该界面进行循环。波圈以原子形式存在是以线融合的，以分子形式存在是以面融合的。线光谱圈具有快速简洁的特征，而面光谱相对缓慢复杂，这也说明物质由分子组成的，物质间的反应则是以能量的变化——原子线圈（光、电、磁、热）等作用而出现的。

④原子核圈。

1919 年卢瑟福通过一系列核反应发现质子，也就是氢离子是一切原子核的组成成分，并预言了中子，并且最终确定了以质子和中子组成的原子核模型。中子的存在似乎可以解析原子的总质量比电子与质子相加之和要大。

笔者认为，光磁火"8"圈外圈是不封闭的，它总有向外辐射的可能，一旦与外环境交流，外环境的波圈进入原子内并存在联系，就有可能比该原子本身质量要大。质子是氢离子，说明氢元素被包含在所有的原子中并发生作用，才有可能出现世界所有事物存在普遍联系的现象。

查德威克研究发现了中子，意大利物理学家费米用中子做炮弹轰击铀原子核，发现裂变与裂变中的链式反应。目前认为夸克是一种基本粒子，夸克相互作用形成一种复合粒子——强子，强子中最稳定的是质子与中子，它们构成原子核的基本单元。1950年唐拉德·格拉泽将亚原子粒子加速到接近光速，碰撞到氢原子核后会产生一个极其微小气泡，暴露它的踪迹。夸克是唯一一种能经受全部四种基本相互作用（引力、电磁力、强相互作用与弱相互作用）的基本粒子。这些粒子学说将问题变得越来越复杂，只有光磁火"8"圈多圈的运动产生波线摩擦，才可以简单理解复杂的粒子学表述的发现成果。

他们在实验过程中基本是用磁铁来确定 α，β，γ 三种射线的偏转程度，事实上都是形成光磁火"8"圈才有可能产生负压与正压使其发生偏转。氢离子只是光磁火"8"圈最小组成单位之一，真正的光磁火"8"圈波线才是起关键作用的，越小的波线越容易穿透，难以产生阻力，不易形成光磁火"8"圈气泡。由于原子核本身是原子中心杂化的结果，其外包的波线相对稳定，但也都不断向外发射射线，这些射线可能就是电子云。

三、存在与演化——光磁火圈层旋转产生代际变迁

（一）平面快速运动与立体缓速运动

西方圣经认为，上帝就是一个圈，牛顿认为地球的转动来自上帝的第一推动力。

笔者认为，自然运动是一个个具有线（触觉）的圈层界面（母体）不断旋转向外辐射形成的平面波推动其包含内的子圈层界面（子体）产生转动与横向运动。子体的存在与形成与母体的旋转与覆盖范围密切相关，子体一旦脱离母体，就会出现离开母体向某个方向的无规则的运动。比如动物与人的子体脱离母体在地球表面运动一样。子体脱离母体是分的过程，每一圈层均存在分与合再分相互关联，"一分

一合"就构成了运动。

子体的存在是母体在平面水"8"圈运动过程中，加入了垂直碳光磁火"8"圈，光磁火"8"圈运转越快，越有可能形成子体。动物的精液、血液、胆汁、乳汁等均是光磁火"8"圈快速运转的结果，因此补充蛋白质、脂肪或糖类等含热量的养料必不可少。同样植物种子也是碳光磁火"8"圈被激活，在温差变化较大的情况下，形成小的碳光磁火"8"圈在枝头或根部交叉处形成果实或种子。就像一个个光磁火"8"圈上下两端出现触头，均以光磁火"8"两端触头转动分化，以小光磁火"8"圈推动大光磁火"8"圈不断转动，就像以 2^N 形式在不同层级上分裂一样，只要分裂 100 次，则圈数量就可达 1×10^{32} 或 130 亿光年的数量，大得不可想象，显示出巨大的力量。如果在同一层面出现不同组合，则合的力量不可估量。平面分化的力量远大于立体分化的力量，也就是说水以平面状态分化，而火以立体状态分化，因此，一些个体小的动植物以平面状态分化的速度就会非常快，如草特别是平原上的草及鱼虾的卵大量分化。这些变化或分化就像麦克斯韦电磁理论所说的"变化的电场产生变化的磁场"一样，快速传递。其旋度越大，分化越快。

我们知道，最早的线圈组成的漆包线可以通过转子转动使得金属圈层产生电，转子转动得越快，其电流、电压就会相应增高。发电机也遵循以这一原理，不断给某一电线圈层加热加光（线），其电流、电压会出现一波一波的变化。当燃煤、燃油、燃气将连接的碳颗粒物激发燃烧产生火圈层时，由内向外不断扩张，当火圈层推动水圈层产生水蒸气推动转子，就会源源不断地产生电、热与光，只要后面的圈层强度大于前面的圈层强度，其圈层是增加的波线，它就不会终止，且能形成更大的圈层，影响更大的范围。激活煤、油、气圈层只需小小的火源，就会激活产生大量的圈层，使得圈层以 2^N 快速增长。当被激活的煤、油、气圈层在原子状态的金属导线中传播时，它就会以线的形式进行反射，出现一波又一波的变化，由内至外循环不断。如果后续波减少或源头消失，其波浪会快速消失，此时内压远低于外压，出现瞬间坍塌。

可以认为，同频率波长的波相互聚合阻力最小；原子反射线，分子反射面，只要由内向外不断注入波线就会使其扩张。这种注入的波线可以认为是目标"因"。圈层的运动源于内线面环境与外线面环境的融合而产生分合的变化。比如人体的眼睛、毛发等线触角（听觉、视觉、味觉、嗅觉）非常容易被外环境激活，使得一组生物电流在大脑皮层产生影像，从而形成小光磁火"8"圈推动大脑表皮光磁火"8"圈不断运动，使其收缩扩张，推动血液运动、心脏扩张、肺部舒张，产生气体交换，交换越快，消耗的动能越多，带动四肢的运动频率也就越快，因此可以说，眼睛或毛发的运动可以导致整个个体运动，这就是线反射到面，面反射到体的变化过程。

可以认为，所有自然运动的物体均存在一定的圈层界面，层级越少，主圈层越突出，其运动变化越慢；反之，层级越多，主圈层相对于气圈层、光磁火"8"圈层越复杂，其运动变化的频次越多、越丰富。也就是热（光磁）圈推动气圈层、气圈层再推动水固圈层，产生负压，形成"一正一负"或"一张一合"的变化，使得圈层界面转动或扩张，相同密度或相同表面活化能的物质总具有相融合的趋势，与地面密度或能量相同或相近的物体如果在空中总是具有掉到地面的趋势，难以自然而然浮在空中，这种趋势就像惯性一样表现在速度、旋度与散度上，从而构成运动的本质。

（二）纯动与杂静——土水与气火

整个宇宙体系星球既相吸引又相排斥，这是为什么呢？这些星球在既有的轨道上有规律地运行又不脱离轨道，其构成的联系是否可以用牛顿万有引力来解决，而实际上万有引力只能解决物体之间单一方向的吸引力，无法对排斥力或反向力进行解析。如苹果掉到地下重力向下，但苹果树却向上生长，它存在向外向上的扩张力，如果不用圈层界面的 光磁火"8"圈向外膨胀说明，实在难以解析。

光磁火"8"圈向上向外扩张的动力来源于中轴两端吸收了大量的热（光磁）"8"圈，使其从中心向外扩张，其扩张的形式均以波相连，大波套小波，层层叠叠，循环摩擦运动，沿一定的速度，也就是频率与波长的乘积为常数进行扩张，来显示一定的光磁火"8"圈的形态与功能。它既统一了数与形，又将直线与曲线衔接起来，体现了重复性、规律性与万变不离其宗的宗旨。

下面再讨论光磁火"8"圈的稳定与变化。若将光磁火"8"圈分四层，从结构上来看，光磁火"8"圈内圈（火圈可视为土圈与水圈的结合体）固态化好，变化慢，也就是稳定性好，以土圈为主，可以形成中心轴；次外圈是流动性的，以闭合的水、气为主，再往外就是火（电磁）圈，最外就是光圈了，它可能不闭合。光波联通一切动力源与信息源，几乎所有的物质形态均以波的形式出现，体现了其层级分明的类同性，不至于出现杂乱无章、五花八门的混乱状态，这就是上帝总是这样有规则布局宇宙体系，让其自由有规律地永久运转而不至于出现崩溃。

中心轴对宇宙银河中心来说，表现为银河双臂呈现扁平形状；太阳系以太阳为中心，各行星围绕其主运转；生物以其个体为中心形成管道运送能量系统与中心轴及外界不断交换物质（独立"8"圈）与能量（连续"8"圈），原子以原子核为中心环绕不同层级的电子产生变化，但不管怎样，外围的火（光磁）总是在一个相对固定的微"凹"面单方向运行，因而形成了生老病死的具有生命周期的循环，不仅是生物，星球、山川、河流均有此现象。

以火（光）聚集，使其周围围绕一定的粒子（或星球）沿一定的轨道运行，有些是左旋的，有些是右旋的。旋度越大，越易使波聚焦成为圆球状，散度越大，越易发散成为有始无终的射线状。当火向外扩散时遇到不同的空间环境，当环境的波密度大于扩散波密度时，就会反射，否则可以穿透。反射波形成正反交错的左旋与右旋波，当属于同向波时则加强，当属于异向波时则削弱。加强的容易杂化形成圈，削弱的容易形成空间而消失。如果波一直向前传播，则遇到阻力时则向其垂直方向扩张并变化，运行的速度越快，阻力越大，其在垂直方向的波峰越大。

从"中心火"到中心轴或脊柱、躯干等更是体现了杂化固体物质的形成，界面聚焦形成中心轴，内界面与相邻外界面就会构成质。如植物的纤维质、细胞质，动物的蛋白质等，均离不开界面，树怕剥皮，动物更怕剥皮，皮之不存，毛将焉附！

形成最好的包裹元素界面是水与火的混合物——碳氢化合物或者含水化合物，它们的层数的多少决定自然个体的大小，就像原子外围的电子层数一样，层数越多，个体越大。由于原子反射线、分子反射面，因此可以认为原子化程度越高，其覆盖范围越广，层数越多，个体越大；或分子化程度越高，层数越多，个体也越大。不过分子是以原子的纯洁度为基础的，以封闭的程度为基础的，越闭合、层数越多或封闭越严实，变化越少，越稳定。因此可以认为，星球个体大主要是由相对单一的原子光磁火"8"圈波或多层光磁火"8"圈构成，其生命周期较长。植物由多层分子光磁火"8"圈构成，相对于动物来说，生命周期相对长，乔木大于灌木，大于草本植物，动物、微生物的分子圈层数最少，生命周期非常短。

前面提到，光磁火"8"圈由电（磁）圈、火（气）圈与固（碳）

圈三圈形成。电磁圈虽然纯洁，但其产生往往通过杂化的原子圈，又可形成火（气）圈与固（碳）圈。原子反射线，以线为基础的圈层是最基本的圈层；但分子反射面，以面为基础的圈层又是构成体的基础。按照地球圈层基本物质原子序数对半开的理论，圈层每向外扩张体积增加一次，其外圈层原子量对分减少一次，但其乘积数为常数。

这种原子与分子"8"圈的一正一反、一张一合构成了我们经常提到的生与死、分解与合成、存在与演化、运动与静止、白天与黑夜、安静与激情、洁净与肮脏、有序与无序等矛盾的变化与更替，也构成了生物体的遗传与变异。

地球本身元素的丰度也具有线光谱与面光谱的区别。线光谱在高温物体中表现得非常明显，并呈现一分为二的逻辑关系。Fe_{26}–Ni_{28} 存在地核地幔中，而 Al_{13}–Si_{14} 存在于地表中，C_6–N_7–O_8 存在于大气中，均分半开存在于地球三层界面中与大气中，而 C_6 与 Ca_{20} 具有一定的活性。金属若以线光谱存在就具有更强的磁性，而非金属 C_6–H_2–O_8 以面光谱存在则具有生物磁性。

光磁火"8"圈火中心链是否就是形成有形物质运动的基础？目前科学上认为运动是能量的变化，而火就是能量形成的基础，比如太阳能、风能、机械能、电能、潮汐水能、生物质内能等均以光磁火"8"圈火中心，即碳、氢、氧变化而形成的。原子论是以原子核为中心的物质科学论，而光磁火"8"圈火中心链论更加透视核与外围电子、个体与环境的变化与铰链，以动态方式将元素以离子方式表达出来。光电磁火是等离子体，是电磁场变化的基础。物质运动的快慢由光磁火"8"圈火中心链的变化大小所决定。

四、认识形成——印象的建立与验证局限

科学验证可以通过仪器与工具来扭曲自然和延伸感官去改进试验

方法，工具可以弥补感官的不足，也就是在自然人身上加上人造的器官。当自然与人为的事物融为一体时，其真实性就会更接近于真理的本质。

（一）思想与思念变化

爱因斯坦认为人生就像骑自行车，想保持平衡就得往前走。人体也是一种自然磁性动物，靠生物电来驱动自己的行为，通过观察、思考、运动来发明创造，靠量子纠缠被关联。量子纠缠可以长到 10^5 秒，对光、电、声、热及其敏感的量子可以将其延续的时间提高到 10^{15} 秒数量级，也就是到达年的水平，真是不可思议。大凡有一定的联系，必须双方存在相对应的波圈，这个波圈就是连续不断的平面电场圈，平面电场圈旋转越快，其联系越紧密，收缩舒张变化的距离越广阔，个体体积也会越大，引力也会越强。对人来说，就是爱情与思念的紧迫程度，可以按生物电的电流来说明。

对人体来说，应用"弦相对双向对称性"原理，其精子、卵子是某一内向旋转物质经无数次旋转而成，同时另一半向外发射，形成"光火热"向外映漫到空气中去了，若难以结成圈层，则将以空虚的非闭合波形式存在，但它随时可以被激活，感染新的环境。一旦被另一方接受了，就会产生信息的接收与情感的交流。人们都说环境影响一个人的情绪，也影响一个人的精神，甚至影响一个人的进步，就是这个道理。人在激动紧张时发出的信息容易被激活，可以称之为灵感的源泉。

那么灵感真的是无规则地散落在空气中的吗？笔者认为，它存在一定的高度与范围，可以依附在一定的虚拟圈层上，一些文化、文物或其他载体隐含，集中书本、电子信息或文物古迹承载最好，当然以父辈的精神可以传承。可以说灵感就是所谓的平面电场圈在人及其载体表面上流动，以相同或相近的方式被聚集人群接收或传递，薪火相传，久久不息。

记忆就是信息平面电子圈在人的大脑中的影像，可以留存在大脑中，其圈层属于二维相态，人的记忆随年纪增大而产生不断地变化。收缩相可以通过声音、图像联通感觉器官进行集中筛选与记忆，闻其声便知其人就是这个道理。

速度变化越快的事物往往是通过对称的向外扩张的闭合圈去感知，比如人的鼻子、耳朵、口等感觉器官，基本具有吸引或排斥的力量，要么凹，要么凸，由小到大的"管道"是人渴望、饥饿、吃喝、排泄、生殖的基础，其旋度的存在构成热量的传递，其中生物电与磁光的感应是人类得以生存繁殖的基础。

人的大脑与四肢的末梢几乎位于外圈的同一界面上，一旦思考，其外圈就会自然拉长，拉得越长，其思维越灵敏，产生的相互作用越强烈。因此，可以说有缘千里来相会，无缘眼前不相逢，这与牛顿万有引力 $F=M_1M_2/R^2$ 是完全不同的，因为万有引力表现的是体。这也说明青年男女情爱的引力远远大于其本身的万有引力。

人体的头骨盖、手掌与脚掌等均可以看成变化的平面电场圈，可以垂直于中轴，牵动心脏推进血液流速变化产生电流或电压。因此动物激动时心跳加快，对大脑的反射增强，思路会更清晰。动物之所以会动，人之所以会思考，主要是动物的感官眼睛会感光、耳朵感音，通过嗅觉、味觉与触觉来感知世界，从目标态（电磁光变化形成的能量态）刺激，而产生一系列的接近、获取、实现的动能趋势。

何为目标态？目标态就是闭合波圈。前面提到，几乎所有的闭合波圈同时存在向内与向外两种聚合与发散的状态，只要被外环境激活，也就是有外来同频率的波线刺激它，就有可能使其产生运转，外环境同频率的如果是波圈且强大，则输入的波线就有可能产生持久的作用；若果是单层或弱小的波圈，就难以使其持久运转并发生作用。波圈的存在必须是以一个波圈的破裂，才能融合进入目标波圈，因此可以说只有各种不同频率的波圈以实体状态反复作用目标波圈，通过光电磁形式才能使目标波圈持续存在并持久。可以说"一将功成万骨枯"是目标波圈与环境波圈共生共存的基本方式。由于几乎所有生物基本具有 70% 左右的水分，保持水分是保持生命延续必不可少的重要原因。

目标态越强、越快，以此为食的动物获取其欲望越强烈，就会导致其行动越神速。目标态可以是有形实体态，也可以是虚拟态。虚拟态既可以是实体过去某个地区过去存在的瞬间，也可以是文字、图像甚至听说的虚无缥缈的东西。虚拟态如果在大脑存留时间越久，刺激越深，对人的激发动力越足。由于虚拟态的东西具有一定的存在意义，必须通过想象或数学推导或逻辑推理去证明其存在，便有固化的方式将其确定下来，就产生了物理、化学、生物学等自然科学，也会产生社会科学、哲学等。

人的思维是精神上虚幻演变的结果，越纯洁越可爱，越形象化越有规律性，人的精神就会越轻松，越高兴。因而美景、美人、美食甚至美妙的音乐、诗歌总是令人欣喜若狂，使人感到这些有规则的东西值得留念，并转化为意志动力。当人遇到杂乱无章的东西如垃圾、臭味、噪声等总是感觉非常厌恶，甚至反感，这也说明了"一张一合"的光磁火"8"圈波动的现实意义对所有生物生存均起作用。

人的思维可以认为是波纯化的结果，越纯洁形象化为有规律的事物，人接受后会越高兴、喜欢，因而美景、美人、美物、美声均会取悦于人，这些美妙的东西，均可以想象为人的信仰、精神寄托。

目标态往往是美好的事物，越美好越会吸引人去思索、追求。美食、美景、美人、美物等，当一个人对某一事物越感兴趣，那么他就会越专注，越专注就会形成深远的意识刺激，形成涵盖范围广泛的逻辑理论或思维，形成学说或科学。可以说，人是在左手制造矛盾发现问题，右手去化解矛盾解决问题，越处于一系列的紧张、忙乱状态，就越容易节外生枝，最后是简单问题复杂化；然而人的精力与时间有限，最幸福的状态是复杂问题简单化。因为越纯洁、越单一，就会越神圣，越美好。人类社会的变革都体现了这些过程。古希腊哲学、天文、数学的兴起，到古罗马建筑、艺术与科学的复兴，再到意大利的文艺复兴，德国的宗教改革，英法美等国家自然科学的迅速发展，均以追求美好、神圣、强大作为动力，形成了一波又一波的变革运动，科学与哲学、宗教的融合、碰撞产生的火花是人类文明进步的动力，就像此前所说的学说形成一个又一个圈层，一旦固化就形成所谓的科学、真理，为人们所接受，影响深远。当然真理的发现就是后人对前人学说的否定、怀疑，不断扩张、不断发展、不断修正的过程。

矛与盾就像光磁火"8"圈变化的左右手，也就像量子力学的量子纠缠，当左边的圈层强大时，右边的圈层自然会弱小，脑力劳动强的人体力劳动机会就会相对较弱，那么连接多个光磁火"8"圈发展变化就会迅速，当光磁火"8"圈左右稳定时，那么它就会发育成熟，形成一定的形状，表现为星球、个体、原子等，但不管如何，其入口与出口或个体的上下游总是在平衡，以确保其存在。

最后要说明的是，光磁火"8"圈无处不在，越对称越平衡就会越固化，失去发展的动力；越不对称、不平衡，就可能变得平坦、细小，最后快速消失在宇宙中，成为所谓的暗物质、暗能量。这就是本书反复要说明的矛与盾同时存在，同时发展，同时纠缠，正反看待问题的根源。

（二）经历与认识能力决定其生存方式

秀才遇到兵，有理说不清。每个人所经历的每件事的情况，要么从书本上掌握，要么从实践中取得，因此在看待事物并确定事物性质的时候，容易形成思维定式来看待。幼儿以舒适安逸为乐，以感性认识为主；成年人以成就感、责任感为荣，以理性认识为主，从而对每一件事情有不同的看法与做法，产生矛盾冲突。但不管怎样，均以心安为上，心安则神定，神定则理智、健康。非宁静无以致远，非淡泊无以明志。宁静与淡泊均要求心里去除杂念，在有序环境中增长智慧，使得光磁火"8"圈所想象的均是美好的憧憬。

人在一定的成长阶段，对环境的敏锐性会表现出不同，有些人对文字、图像、音乐表现出敏锐，有些人对环境、自然状况表现出敏锐，其反应自然不一样。

马尔萨斯认为，永远不会有一个能让所有成员都过得"舒适、幸福且相对安逸的理想社会，总有一部分会遭受贫穷与饥饿"。达尔文认为："在这种情况下，有利的变异将会被保留，而不利的则会被消灭。其结果就是新物种的形成——适者生存，物种并非永恒、固定的或彼此孤立的，当旧物种开始变异的时候，新物种就出现了，这些变异经证明曾帮助物种在生存斗争中处于有利地位。"

也就是说，人在面对疾病、饥饿、痛苦、折磨时，其能级是非常低的，光磁火"8"圈外围发射的波线与外环境各种波线融合得非常快，那么其消耗本身的能量也会越多，使得光磁火"8"圈旋转减慢，进入自我修复与收缩状态，无力、无助、失望等出现，负压增强，外环境同类型的人会对其产生同情心，会主动帮助他，以消除心中的不安，整个社会就会形成互相帮助、互相促进、共同发展的良好趋势。

可以发现，整个人类社会的变迁就是一部悲剧史，历史总会重演，新事物总会战胜旧事物，文明变迁、社会更替、科技进步、生活水平的提高均离不开自然环境的承载力、科学技术的进步、社会的分合，最终趋向相对平衡，社会稳定和谐发展。

（三）寄托与依赖的关系

人从母体上脱离而独立，开始时是非常容易依赖的，首先要吸取母体的奶水或依靠母体的喂养，生病或不舒服时要母体给予关爱，心理才会踏实、安宁。几乎所有的动物均具有此特性，可依赖的界面越近越容易放心，越远越担心。当人体脱离母体或群体后，出现寂寞或孤独时也是可怕的，因为可依赖的东西越来越小了，如果仅仅是因为生存问题，只要找到食物就可以了，但如果遇到恶劣的天气，饥寒交迫时，那么其求生的欲望会更大，希望或寄托必不可少。每一个人生活在世界上，有些人会寄托在下一代身上，有些人寄托在工作上，有些人寄托在上一代身上，还有一些人寄托在个人的信仰爱好上，只要有目标，就会有希望。

寄托在书琴字画上就是高雅，寄托在信仰上会产生一定的动力。当各种不同的人群寄托在同一界面圈层上，就会产生集体效应，形成强大的推动力。

人到中年，当经验积累到一定程度后，上有老下有小，如果没有更多的追求目标，就容易失去方向，迷失自我。如果没有将工作作为人生寄托或工作不如意，那么将是非常痛苦的。当一个人被动应付时，失去了自己的爱好，在夹缝里求生存，同样会迷茫。事业与责任是推进人积极奋斗的动力，动力来源在于其获得感有多大。种豆得豆，种瓜得瓜，先有耕耘后有收获。可以组织动员力量去开拓新领域，发现新方向，寻找新动力，取得新收获。这里面除了有正确的目标外，还必须依靠一定的环境和相适应的工作基础。承载音乐、美术或艺术的装饰物、建筑可以作为人们追寻的目标，去努力实施。

人们常常会说"落叶归根"，也就是说，随着人的年龄增大，器官衰老，红细胞增多而变得黏稠，整个身体的磁性减弱，其远红外线活跃性减弱，按照红波远移理论其运动性会减弱，最终只能回到其最熟悉的地方送终。不管怎样，几乎所有生物都具有依赖之心，其所处的环境越稳定，其变化越小，消耗能量越小，其生命周期越长。若果生物本身消耗的能量与维持其生存的能量不成对应关系，就有可能危及其生存。

依存是相互的，只有投入才能产出，没有交流运动，就不可能产生新的希望，任何闭合的生命体都难以持久。关闭不能发展，吸收外界太多能量同样不能持久，循序渐进才是根本出路。要完成一个目标，必须团结一切可以团结的力量，动用一切可以动用的资源，慢慢完善，精工细作，矛之灵盾一定会起作用，一定会到达幸福的彼岸。

身体与环境的关系好比哈维的血液循环论。哈维将血液循环比作亚里士多德的大气循环，而心脏是生命之源，是小宇宙（身体）中的太阳，太阳也可以称之为世界的心脏。静脉的向心回流是心脏血液循环的必要条件，而瓣膜存在的意义就在于阻止血液的逆流，当血液达到身体外周部分时，因为它失去热量与元气而变得黏稠和凝结，难以继续运动，必须重新回到心脏去获得热量与元气。忧虑、恋爱、嫉妒、焦虑以及其他类似的情感都会使人憔悴衰弱，原因是因为心境影响了心脏，因而心脏是生命之源。动物的体型越大，体温越高，其心脏更完善和更强有力。这也说明自然科学还是要依靠哲学体系才有说服力。

笔者认为，心脏就像"火"中心，聚焦越强，其辐射力越强，一旦到身体外周进行循环时，其波峰与波谷变得非常小，一旦形成面或线，就与外界进行交换，交换信息或热量量保持恒定，以维持身体的稳定。如果交换得非常快，就会出现忧伤、嫉妒、焦虑等负能量情绪，心理失衡导致身体变得衰弱，皮肤失去弹性而憔悴。聪明、敏感是身体信息与外界交换而成，愚钝、迟缓是身体信息与外界中断交换导致，因此，身体状态要好，必须要难得糊涂，愚钝如牛，方可长久。

　　自我意识信息传递的速度越快，其影响力越大，越难实现公平正义，它往往会超越现实，全面打开信息的闸门，行使权力，其后果更难把握。要实行公平竞争，平衡好各种关系，方可实现生理与心理的相对平衡，从而保持积极向上、顺应自然的心态而长盛不衰。

　　不忘初心，方得始终。

02
CHAPTER

第二章
圈层运动的
生物学思考

草木摇落露为霜　群燕辞归雁南翔

拉马克认为，大自然拥有创造自我的绝对力量与能力，所有的变化都有一个特定的方向——从简单到复杂，从少到多，从低等到高等不断进行。很久以前，生命开始于水中，它非常简单，然后开始进化。从简单到完美，尽管要经历丧失、衰败与死亡，但其共同的目的就是，自然界的力量最终要引向完美。但完美之后又是残缺与消亡。

一、有机物与无机物

化学上将含碳的化合物或碳氢化合物以及其衍生物称之为有机物，其他的或不含碳的纯净物与简单的碳化合物的集合称之为无机物，水也是无机物。人们将细沙、泥土、石材等反复用火燃烧、熔炼，分离成层，根据其密度或比重的不同而出现玻璃、陶瓷、金属等，特别是金属，需要大量的火加热并将其密封在炉或者窑中，而形成性质单一的原子态，其导热、导光、导磁等速度非常快，体现了原子反射线的功能。可以认为，在分子构成光磁火"8"圈骨架上，内侧总是具有原子反射线的物质或微生物，外侧也具有反射线的毛发、指甲等附属物，内外反射线速度的不同，推动内外圈层运动，最终导致分子结构的光磁火"8"圈产生转动或平动。反射线的原子许多是无机物，而反射面的分子大多是有机物。

分子光磁火"8"圈转动或运动较慢，容易形成有形物质，原子光磁火"8"圈转动或运动较快，容易吸收或释放周围环境中的同类型的原子或火（光磁），推动有形个体的运动或成长。

可以认为，光磁火"8"圈层界面起初总是由较为纯洁的原子或简单分子构成，最后通过原子火（光磁）不断加热分裂成不同层次的纯洁物质。如植物吸收阳光产生氧气以壮大自身的体积；动物不断地摄取食物，将一些杂质或粗的东西通过排泄系统以小便、大便、汗液等形式排出，同时将剩下的纯洁物质吸收进入血液进行循环，并产生形成精子、卵子等纯洁物质。犹如火（光磁）经过"8"圈将其分裂成不同波长的分子、原子，接近于远红外波的分子或原子小片段就形成了所谓的遗传物质，独特的双螺旋结构"8"圈DNA或RNA。光磁火"8"圈相对旋转越快，或角速度越快，越容易断裂，形成数量较少的或个体较小的光磁火"8"圈，那么其生命周期也会较小；否则光磁火"8"圈相对旋转越慢，或角速度较慢，其光磁火"8"圈旋转越难断裂，就会形成数量较多或个体较大的光磁火"8"圈。但处于同一界面的一定能级的光磁火"8"圈，往往会出现数量个数与个体质量乘积为某个常数，其能级的表述符合相对论$E=hv$，即能级值与该个体的频率成正比。也就是说，一定能级的物质，能级高、频率快的波圈总位于光磁火"8"圈中心，能级低、频率慢的波圈总位于光磁火"8"圈的边缘或中心轴。

总之，无机物非常可能处于光磁火"8"圈边缘状态，有机物或原子态的金属，非常可能处于光磁火"8"圈的核心地带。如金刚石是纯碳且有规则的等边三角形，显示其纯洁高贵，而石墨烯以其片状产生强的导磁性，光纤同样因其纯洁单一形成细小的双层同心圆柱体，外加一层保护层，使得光可以沿其弯曲的纤维行进，难以产生反射，只能在某一界面中沿接近于直线的波线中传播。因此，这些纯洁的原子态物质只要在位于某一中心中存在，就可以产生巨大的效应。

光在水流中行进形成洋流，包括暖流与寒流，其动力是光热。比如热水，水在加热过程中有不同速度的形成折射发射成大小气泡，水由液态变成气态甚至等离子态向外溢出。往水中注入的光热越多，温度愈高气态物质越多，气泡越丰富，对外形成的压力就会越大。当然在高海拔地区，温度不高也会形成大量的气泡，这可以以 $PV=nRT$ 理想气态方程加以解析。对总物质量一定的情形，压力 P 小，温度 T 自然小；增加 T，其 P 压力也会相应增大，表现为水表面的活性气体增加，表面活化能增加，气态物质的挥发扩散方向与光热扩散方向一致，符合热胀冷缩原理。热胀冷缩原理可以认为是无形物质变成有形物质的第一原理。无机物变成有机物必须有热在一定光磁火"8"圈空间中流动且不中断，碳与氢是最基本的光热源。暖流与寒流事实上都是黏度大的有机物进行较厚层面折射光聚焦增温或放热减温而形成的，当然也是有机物碳氢链分布密集的区域。当你潜入海底时可以发现，海底像星星一样，幽蓝的海水中不断闪烁各种大小不一的光芒，犹如宇宙中闪烁的星星之火光。

那么可以推测，地球表面是具有各种分子所组成的基本框架，核心地核地带可能是单一的原子态的物质，其运行角速度非常快，温度也会非常高，能量也会非常大。地壳外部有比较厚的空气层，空气层外几乎都是比较大的原子态的辐射区域，如氢氦气"8"圈。即使在地球表面，也存在大量的无机物"8"圈，如沙漠、火山、冻土、冰川、死海等区域。这些区域可以说是连接地球内外环境原子线光磁火"8"圈的通道，也有可能是形成有机物以及生命起源原子光磁火"8"圈的必要环境条件。只有在这些环境条件极端复杂的地区，才有可能形成温度剧变的寒风、暴雨、雷电、台风、龙卷风以及洪水、地震、火山喷发等自然灾害。

如果说地球上空是由各种不同的光磁火"8"圈构成的，那么这些光磁火"8"圈聚焦在一起就有可能形成焦点链，焦点链连通在一起就有可能出现强大的等离子态的原子光磁火"8"圈构成的通道，使得某处能量急剧升高。若升高温度通道聚焦到火山，就会引燃火山口；若聚焦到地表某个光磁火"8"圈层面温度较高或地质松散的地区，就有可能引发地震；若聚焦到海中的暖流或寒流交汇处，就会引发台风、暴雨或雷电；若聚焦到地球表面的某个稀薄的大气层，可以加热使其大气层短暂消失，形成臭氧空洞或气层空洞，增强紫外线照射，引发寒潮等等。

有机物与生命物质有何区别？有机物是生命产生的物质基础，所有的生命体都含有有机化合物，但有机化合物并不代表生命。有机化合物主要指碳氢化合物，均含有带火（光磁）的碳氢元素，但并不是所有的含碳氢的化合物都是有机化合物，如一氧化碳、二氧化碳、碳酸（H_2CO_3）、金属碳化物、氰化氢（HCN）等不具有有机物的性质，也就是用火烧这些物质，不能让它鼓起来或坍塌下去或转动起来。有机物的反应大多是分子间的反应，往往需要一定的活化能——火或催化剂，增加有机物与外环境的波线交换产生摩擦使其转动起来。有机物有几千上万种，但基本上含有可燃的碳、氢、硫、磷以及助燃剂氧等，含有相互结合的碳链或碳环等。

看看我们周围的树木，其树叶含有叶绿素，一个叶绿素分子由100多个碳、氢和氧原子组成一个复杂的形状，靠镁原子和氮原子链接，可以捕捉比地球大一万倍的太阳发出的电磁波——光波，将这些能量转移到细胞内部，形成构成生命的碳氢氧有机物。叶绿素可以将光能吸收，并将叶绿素离子化，把水与二氧化碳转化成化学能，并暂时贮存到三磷酸腺苷（ATP）中，将二氧化碳和水转化为碳水化合物和氧气。活的生物与死的生物在分子结构上几乎找不到什么区别，但事实上是链与环的区别，就像蛋白质分为纤维蛋白与球状蛋白一样。活的东西一定是火（光磁）圈在与外界进行波线能量交换并循环流动，如果不交换就可能处于死亡状态。像火（光磁）圈对动物来说就是血液、神经不断与外界进行波线交换，交换得越快频率高，说明其生命力旺盛，交换的频率低说明其生命处于休眠或不旺盛状态。当人出现痛苦悲观的时候，其能级是非常低的，也就是其与外环境交换波线非常慢；当人兴奋时，他（她）与外环境交换的波线非常多，其能级非常高。可以说，活的生命是熵减，有序性增强；死的生物是熵增，无序性增强，光磁火"8"圈闭合，难以交换，那么它对外的辐射力基本缺失。这也解析了电视中的人物虽然是动的，但它是通过电线或光纤传递信号的，不能及时与外环境交换波线，特别是没有水，而只有火（光磁）且是平面的图形，难以形成生命。

二、种子与卵子

前面讲过，所有固化也许是两种或两种以上的波交叉产生光磁火"8"圈聚焦同时又快速释放的结果，就像融化钢水冷却变成钢锭。长波的种类多，相互交叉的情况会多，产生的反应或变化会多。高温的物质与低温的环境容易被反射形成界面。而对动物、植物来说，蛋白质、脂肪与糖类具有较强的黏度，会产生较强的温差，一旦形成圈层，对内的电场变化较强，对外的磁场变化也会相应强，内外差距越大，就越有可能形成界面。

这也就解析了鸡蛋在母体内是没有壳的，一旦离开40℃的母体进入低温环境，它就会随鸡卵巢的张力不断旋转而产生蛋壳。而蛋受精后有一入口从外环境吸收光线或其他光磁火"8"圈能量，使得精子与卵子融合形成双螺旋的结构。内外波越细越纯其范围就会越长，动力越足，聚焦的机会越大，而聚焦产生气磁向外辐射也会越强。当然聚焦与电磁场的变化和凹凸面的分光有密切关系，容易形成杂乱叠加的固相波，极易成为中心脊——骨骼或圈层界面，而纯洁异相波相抵消容易形成中空的血管与气管等。因此，动物的内脏温度高于体外温度，胆固醇等高温物质集中在肝、心、脾等内脏中。

而种子多指植物的果实，果实结出来的时候往往位于枝干交叉或根部交叉处，不管是五谷还是水果，均这样分布。种子多含有脂肪、蛋白质或糖类等热量较多的碳水化合物，一些坚果外包一层硬壳，一些内核内存中心轴（核），均是碳氢"8"圈能量扩张冷却收缩的结果。碳氢火含量越高，则其热量越高，其营养价值也会相对较高，因此对这类物质以卡路里（热量）来表示其成分。

种子在没有被外环境光磁火"8"圈激活的情况下，处于休眠状态，在外环境发生变化，特别是水分增加，光热磁增加的情况下，就会逐步激活它，使它开花结果，产生生命。植物的叶片含有较高的钾与钠等易燃元素，在天气比较寒冷情况下，水分逐步失去，叶片为自保，光磁火"8"圈处于半闭合状态，部分终止了与外界的波线交换，使得叶片变黄枯萎而脱落；一到春天，水分增加，光磁火"8"圈增多，又会使得种子外围发芽开花，使得其生机盎然。

三、遗传与变异
（一）遗传

遗传就是将母代的基因或形状、特性经过一个投影将其再复制的过程。比如照相、摄影都是将立体的形状经过聚焦反射出来的平面特性，而遗传是将立体的波线聚焦反射成更小、更纯的个体，体现了子代承接了母代的特性。因此，遗传是波线的再复制；变异是因为环境的改变使得光磁火"8"圈波线出现缺陷或改变了原来的特性，但总的特性是反射出来的，改变的只是外形或功能上的小部分。

要形成反射与衍射，最少要有两层圈层界面，外层圈层界面形成的孔径远远小于内层圈层界面的直径，方可以在其表面上形成复制品，产生遗传效果。可以认为开始形成的小圈层是纯洁的、均匀的，旋度是中等的。随着聚焦的扩大，外围阻力的增大，一个气泡圈层吸收的光磁火"8"圈热能增加，使得它向外挤压其他的小光磁火"8"圈，使得其他小光磁火"8"圈生存空间极度缩小，产生破裂，只能成为该聚焦光磁火"8"圈外圈的营养。单胎或多胎动物出生也遵循此规律，可以说是一将功成万骨枯。

（二）变异——渐变与突变

1. 渐变

达尔文认为，自然选择将有充分的机会去进一步改良旧物种、创造新物种，但这新物种只能是渐变的过程。他说，孤立的岛上，同种个体仍然很多，可是在分布的边缘地区新种的杂交就会受到限制。因为移入被阻断，变异是有限的，但在大陆地区，变异过程将会进行得很快，它战胜了许多竞争对手从而在广大地区产生新类型，一定会分布很广，产生更多的新变种和新物种，使其在生物界发展史上占有更重要的位置。这种自然选择就像杂交一样改良旧物种，创造新物种。

在英国约克郡的人都知道，古代的黑牛被长角牛替代，长角牛又被短角牛所排挤。用一老农的话来说"简直就像被残酷的瘟疫一扫而光"。肉食动物的后代越能在身体构造与习性方面产生分异，它们能占据的位置就会越多。植物界也一样。如果在一块地上只播种一种草，而在另一块同等大小的地方种植多种草，那么它在后一种地上得到的植株数量与重量远比第一种多。这也说明笔者多次提到的杂乱是固化成形的根源。

物种变异就像关系树一样由小到大由单一的方式不断演化。在同一大群中，后起的比较完善的亚群，在自然体系中不断分异，不断占据许多新位置，也就不断排挤、消除那些改良比较少的亚群，使得那些较少的亚群衰弱，甚至灭绝。但变异并不是无止境的。自从地球第三纪以来，贝类物种就没有大量增加，至第三纪早期哺育的物质没有大量增加或者根本没有增加。这就说明物种的存在与物种外围圈层的形成密切相关，当圈层无法形成时，或水的湿度总是少于 75% 时，物种周围难以形成较稳定的圈层，物种就不易形成。

2. 突变

古人认为，神妙莫测的阴阳二气化为有形的人类，战争又破坏物体的形态，使它归于水火一类的物质基本元素，它们又重新化为神妙莫测的阴阳二气。人的热气积聚起来，流动就成了风，上升就成了云。看看人的气色，听听吹的音律，就能预测凶吉。南阳、洛阳、晋阳、凤阳，今天是冷落的地方，但过去是英雄豪杰叱咤风云的场所，这是地气随人气而发生了变化。生命科学家认为，人体是从一个精子与卵子融合形成一个合子分化衍生出来的，合子分裂成两个细胞，并再次分裂不断进行下去，最终形成我们的身体。似乎将生命的演变描述得太过于繁杂。基因学说说明有些基因丢失了，有些失去了原来的功能，真的是这样吗？

笔者认为，合子分裂成多个细胞，分裂的动力必须是外来的光磁能，两个合子核聚合，精子将会带动外来一束光子进入，同时沿核表面运动的圈层光子运动越快，向内辐射的固水层与向外辐射的气热层形成的机会越大，两个合子形成共振会加速核表面圈的分裂，最终成为光磁火"8"圈合子，以下光磁火"8"字形为核心（因其热聚集多）继续分裂聚焦成心脏，震荡产生的回音传递到上光磁火"8"圈，被反射继续形成中轴。由于下光磁火"8"圈有母体热输送,其反射机会比较弱,而上光磁火"8"圈相对闭合,其反射声音与光子沿中轴对称分裂,形成与气光声同时存在的鼻子、眼睛与耳朵,并沿圈层传递信息,外层圈层表面就是我们的皮肤,会接受一切外来的温度、湿度、浊度以及鲜艳度等环境的变化。

而下光磁火"8"圈则形成气与热生产区间,将精子带入的光波通过食道与横膈膜的三角形区进行分光。长波形成红外线波,随热气层形成血管进行循环,短波相对静止且集中于肝胆部位,成为分解食物并产生微型磁场爆炸分解食物链的消化酶。分解食物产生的热量形成一个个热圈波向外扩散,就会推动心脏的起搏并有规律地将血红蛋白与热量运送到身体的各个部位。

因此可以说,下光磁火"8"圈形成一个热气供应圈,以自身的能量供给为主;上光磁火"8"圈形成一个感应交流圈,以内外交流平衡信息为主;两个光磁火"8"圈左右相接,使得整个人体的生长、发育与外界沟通、交流。多余的热量主要通过头顶、皮肤或者排泄器官的快速排泄来保存人体正常体温的平衡。这些热量圈层可以认为就是由小到大的氧气火圈层。动物更多显示出外光磁圈大于内热气圈,表现为运动的性质。

几乎所有生物都具有上下光磁火"8"圈,植物因为表层磁力圈不够强大,难以形成气热声的反射,因此,没有明显的热气通道或水汽通道形成不足,震动声音不够,只能在大外围空间震动,形成可依靠界面是地表层。气热圈层只能是从中心逐步向外扩张,没有球状圈层,只有柱状圈层,其两级更具有先发散后闭合的性质。但从两级不断吸收光圈与水圈,向外扩散成气圈与固圈。植物更多显示外光磁圈小于内热气圈,表现为固定静止的性质。

外磁光圈往往表现为表面的光磁传播速度上,传播速度越快,越光滑，其动力越足，因此可以看出来，新生的动物或者植物的表面总是非常光滑或者油光。越是光滑其输光速度越快，表层越紧致，难以破碎，波的频率高、波长短。表现为小孩行动迅速，蹦蹦跳跳，即使摔跤，也不会将骨骼摔坏，因为骨骼还是软的。

前面讲到，目前公认的提法是由于 DNA 遗传物质独特的双螺旋结构形成碱基配对，产生遗传物质，但 DNA 到底是如何形成的？为什么它会携带遗传密码或信息？这些密码就是特定的红外波的组合现象吗？当红外波形成正反两个方向交换的光磁火"8"圈时，就会出现两条旋转的螺旋结构，对称地不断往外扩张，直到内外环境平衡而趋于稳定。组成 DNA 的物质是两条脱氧核糖核酸连接在一起的长链，含有碳、氢、氧、氮、磷等元素或称之为氨基酸。难道光磁火"8"圈的拆分与组合构成遗传的本质？

先看看蛋白质与纤维素的关系。蛋白质的基本单位是氨基酸，而纤维素的基本结构是葡萄糖。纤维素是高等植物细胞壁的主要成分，也就是说该细胞质膜混杂多，使得葡萄糖变成了大分子的多糖，碳含量比较高。蛋白质是由氨基酸首尾相连缩合而成的共价多肽链，但是天然蛋白质分子并不是走向随机的松散多肽链，蛋白质分子的多肽链并非呈线形伸展，而是折叠和盘曲构成特有的比较稳定的空间结构。盘曲折叠可能就是杂化的方式之一。蛋白质呈右手螺旋上升而成，呈现较强的光磁火"8"圈结构。球状蛋白有疏水区与亲水区，疏水区多在分子内部，由疏水侧链集中构成，常形成一些"洞穴""口袋"，某些辅基镶嵌其中，成为活性部位。亲水区多在蛋白质分子表面，由很多亲水侧链组成，说明"8"圈圈层转动摩擦外层大于内层。部分蛋白质可作为生物催化剂，即酶或激素，说明这些蛋白质的表面旋转非常快，可摩擦产生大量的裂变电子波线，激发其他蛋白质分子。

从某种角度来看，蛋白质更多地是由光磁火"8"圈所控制，这些光磁火"8"圈由火（光磁）所连接的碳氢氧形成一个个多重的环形圈，环形波圈可以变化成脂肪、糖类等物质，但其"8"波圈的结构只是外来火（光磁）波圈推动其结构发生形态上的重组变化。纤维素与糖类的变化可能与蛋白质相比更显得简单些。葡萄糖具有旋光性，黏度随着温度的升高而增大，在碱性条件下加热易分解，产生热量。也就是说分解就是光磁火"8"圈破裂，火（光磁）圈缩小使得其难以转动，摩擦力减少或光磁火"8"圈层数减少，使得热量自然难以保存。

植物光合作用可以产生葡萄糖，是因为不断往较纯洁的光磁火"8"圈注入光波，使得光波汇集，特别是红外波的增加，使得小光磁火"8"圈不断扩张，层数不断增加，各层的波圈相互摩擦产生热并进一步膨胀，就可以形成葡萄糖，还会放出更多的小光磁火"8"圈（如氧气），葡萄糖分子式为

其圈层结构显而易见。

日本医学家山中伸弥做过一个实验：只要4个基因就可以变成2万个基因的哺乳动物细胞，这就是闭合磁力圈交叉成光磁火"8"圈，分裂细胞的过程。

四、用进与废退

热胀冷缩是星球形成的原因，也是生物形成的原因。如地球北半球在上半年温度由低向高上升，那么那里的生物也出现由冬眠到苏醒、干枯再到发芽的循环变化的过程；南半球的生物生长规律刚好相反。

水汽层出现使得由碳氢化合物构成的生物不断地被流动的光激发，随光流动不断变化，使得冬眠动物和枯枝败叶覆盖的土地重新焕发生机。水流动的连续性与扩张性，构成了负压不断有规律吸收亲水性的外

来营养物质，使其变成可吸收的原子态物质，促进其消化、吸收。

用进就是要增加流动性，使得生物本身光磁火"8"圈触波与外环境的光磁火"8"圈触波更容易发生感应而出现融合的现象，越熟练其惯性越好。

达尔文的进化论认为，地球上所有生物源于一种或数种生物，是否真是这样是有点牵强，但其与外界环境相适应是非常有道理的。其物竞天择论也是要适应当地的气候与土壤环境的，大气层与土壤环境含水量非常丰富，如空气湿度与土壤含水率基本在80%以上，生物本身也具有70%～80%的水分，其水分的保持和流动与周围环境的光照、土壤的气层温度或松散程度密切相关。土壤的存在就是光磁火"8"圈最核心的有机圈，以杂合的分子圈存在，一旦受光照不断加热，其松散度加强形成一系列光磁火"8"圈，纯洁的光磁火"8"圈接收火（光磁）的强度不同，也就容易激发，特别是种子、精子或卵子更容易激发。那么生物的摩擦、交集，物质与能量的输入、输出加强，使得原来休眠或相对静止的生物重新复活，或性交增加加快形成子代。同时发热或聚焦光圈的位置和强弱也决定了生物表层的形状与功能。

如眼睛对光非常敏感，耳朵对声音非常敏感，舌头对热与味道非常敏感，鼻子对气味非常敏感，手脚对温度非常敏感等，均体现了动物对光、声、热等能量的吸引与排斥，人们常说的"物以类聚，种以群分"均体现了同能级的物质聚合规律，能级越近的动物越容易接近与沟通，显示出影响与活动范围与能级的关联性。

一些海岛很少有哺乳动物，且植物物种相对单一，特别是蝙蝠多，水中的鱼类多，如太平洋的帕劳岛。笔者认为该岛是火山爆发形成的火山岩，其热气含量高，以飞禽为主，四肢类的哺乳动物难以存活；而热带地区以厚实的土壤或黏性土为主，在峡谷深处与大型湖泊相间形成大范围的平原地区，纯洁的圈层界面出现厚实的大型动物，如大象、牛、虎、狮子等。

对生物而言，圈层界面主要是指皮的厚度与强度，但在皮未形成之前是指壳的内膜厚度与强度。皮厚且强的生物由于其反光强而吸光相对较弱，形成的个体粗大但不敏感。在大草原具有更厚的土壤层，因为大草原大多是湖泊淤积而成，淤积的土壤层越厚且黏度越高，其上方挥发出来的有机气层越厚，相应的动物表层的皮也会越厚，最后使得其个体发育庞大，耐久力强。笔者认为这也是大草原有大动物，并出现低矮的草或灌木的原因。

植物形态的大小与土壤光磁火"8"圈的曲率或离土壤下方岩石层金属或重金属的距离有很大关系。土壤厚实且离岩石层重金属含量高的地区，那里可以生长硕大的乔木，而草原因只有土壤层厚相对平坦，难以形成势差，只能生长低矮的草或者灌木了。但也有生长乔木的，我想那里一定住有人，因为人的活动使得该地区的气层温度增加，"8"圈层级增多，就像温室大棚一样增温，也可以使乔木生长。

拉马克的用进废退理论也有一定道理，对开闭系统与环境协调是主要的。动物天生就具有模仿能力与条件反射能力，可以认为是光磁火"8"圈环开闭形成的。如人体饥饿时胃收缩产生正压，口就会自然张开产生食欲；一紧张肌肉收缩同样产生正压就会发火或开口讲话，这叫作内缩而外动；反之，就会出现内胀而外静，如吃饱了就会昏昏欲睡。若喝了酒，心跳加速，对外辐射能量急剧扩张产生负压会刺激大脑神经，使人产生强烈的性欲。"中心火"发挥作用，使得外光磁火"8"圈相对活跃，肌肉收缩产生力量。

用进废退的含义是经常使用机体的某个部位，使得该部位的血管、神经与外界交流增加，反应敏锐。血管持久充血使得该处的肌肉发达，光磁火"8"圈与外环境的物质能量信息会增加，会增强对其适应能力，但不能过度。如果过度，会损害该光磁火"8"圈外形，从而产生反作用。废退是长期不用某个部位，使其与外界环境产生强大的隔阂，进而失去接受外界信息的动力，使得光磁火"8"圈经常处于闭合状态。

物竞天择与自然选择可以说是个体与环境的相互感应，相同或相似就会激活光磁火"8"圈界面的开与合，就像人的思想一样接收外界的开悟或觉悟。自然生物界面大多开始时往往是纯洁的圈或扁球体（中子或卵子），结构简单、形状单一，但受周围环境长时间的影响，特别是光磁火"8"圈信息波或能量波的影响，产生形状的变异，凸出或凹进出现两极，就好像正负极一样。植物是核与皮，动物是骨与皮形成两个或以上的界面差，产生纵向的物质与能量交换，直到平衡。光磁火"8"圈运动要么是左旋的，要么是右旋的，动物有些左旋向内成骨或中心脊，右旋成壳，植物也一样。中心脊或甲壳等聚焦往往是高温急冷的结果，要急冷必须有一条快速的近似直线的通道，如动物的毛发、指甲，植物的叶根筋，越是接近于直线，越是热的发射速度快，呈现片状或线状。胎生动物往往成为脊椎动物，卵生动物往往会成为外壳坚硬的动物（鱼类、禽类例外兼具两种特性）。植物水果多有核，根系种子多有壳或光亮皮。

自然选择说明选择不是人为的因素，事实上是可依靠的界面"8"圈在光磁火圈的作用下形成特定的生物种类。只要日照或温度大致相近，其地质条件或土壤层大致相同，就可以形成一系列的生物种群。光磁火"8"圈越复杂，出现的生物种群会越多。

光磁火"8"圈变化方式。凸出或凹进光磁火"8"圈是吸收与释放能量的方式，凸出光磁火"8"圈眼睛，可以通过这个小小的开口产生巨大的效果。眼睛凸出部位与耳朵凹进部位均可以不同程度吸收能量场光磁火"8"圈，动物生存是由周围环境的光磁火"8"圈能量场所左右。能量场高的生物会产生正的压力去释放能量，能量场低的生物会产生负的压力去吸收能量，均形成一个能量平衡体。生物的生命树金字塔，代际遗传与弱肉强食，均体现了能量的传递方向。高等级的生物捕食低等级的生物，强大的母体喂养弱小的子体，从大包含光磁火"8"圈到小包含光磁火"8"圈维持地球生物圈的关联，但总能量似乎是处在一定的水平保持平衡。此起彼伏，由低级不断向高级演化，由纯洁单一向复杂多变进化，直至复杂烦琐的体系出现严重的失衡或光磁火"8"圈缺口，而大面积破损，难以维持正常。

中心火光磁火"8"圈逐步消亡，以新事物取代旧事物，周期有规律变更，维持地球表面的生态平衡。以脊椎动物为例，它的光磁火"8"圈主要四个小出口可以吸收或释放外来物质与能量，通过神经元传导相连，使得神经细胞内外膜电位发生变化。电流在神经纤维中传导，通过吸收热光磁火"8"圈食物能量的多少来产生光磁火"8"圈开合，形成兴奋与安宁；与血液、体液水圈相关联，来维持一定的体温与个体的稳定。

推动脊椎动物光磁火"8"圈界面开合能量因素有如下几种情况：光——视觉，味（热）——味觉，音——听觉，均处于一定条件下开放与关闭。一旦开放就会刺激神经细胞产生电磁感应作用，推动身体的协同运动。光与声列入能量范畴（光还可以不闭合）、热与香（臭）虽然可纳入能量范畴，更多地表现为物质范畴，因为摄取的物质离光磁火"8"圈中心更近。进入体内的味（热）觉更多表现为固液态，可向内层聚集发散，而光声多向外层聚集发散。热味中间层是气，当气层向外多于向内，当其向外时表现为推动个体扩张；当气层向外少于向内则表现为收缩。扩张与收缩均与光磁火"8"圈界面关闭与开放有关。若开放程度大，则光磁场强，运行速度快，表现为受到刺激呈现兴奋状态；若关闭程度大，则光磁场弱，运行速度慢，表现为休息安静状态。

固化的界面其关闭程度大，但能保持能量相对稳定。脊椎动物往往是中心固化，与外界交流能量与物质较多；而甲壳动物往往是外壳固化，与外界交流的物质与能量少，维持其本身生存的能量更少。寿命长的乌龟往往年龄可达千年。

植物也同样具有此类型的功能。质地越坚韧的橡木、桉树、银杏树等大乔木，其中心光磁火"8"圈固化非常强，与外界进行物质与能量的交换多，但其光（电磁）圈交换较慢，但一旦进入体内的光磁圈就难以辐射出来，表现为寿命比较长且个体大。

不管是植物还是动物，以温度的变化特征来看，首先汇集聚焦的圆球体，同时形成两层或以上的光磁火"8"圈界面，一旦核心的光磁火"8"圈界面被激活，就有可能向两端扩张。扩张压力越大的地方，呈现的线与面越多，速度越快，温差变化也越快；扩张压力越小的地方，以体的形式表现越明显，速度较慢，温差变化也会较慢。如植物的叶温差变化大，是产气多的地方，表现为线与面的形状；而根温差较小，表现为体的形状。植物每一次落叶说明新的表皮光磁火"8"圈形成了，其形状结构又增加了一圈。而动物往往只有两至三层的光磁火"8"圈，只能通过表层细胞的更新来修复外层的表皮光磁火"8"圈，且热量变化比较小，往往以体的形态出现。只有皮之毛发、指甲等附属物以线、面出现，其温度变化大，更替速度也会比较大。

这样看来外端的产气光磁火"8"圈不论是凸出、凹进，都有强烈的接收外来热（光磁）的能力，其敏感度高，就会显得脆弱，其开放与闭合的程度决定了其个体的发展与生死存亡。达尔文进化论认为猪、狗等家禽容易繁殖并适应性强，突出说明了其皮厚，光磁火"8"圈层开放少、关闭多，而虎、狮等猛禽皮厚，但光磁火"8"圈开放大、关闭少，繁殖能力差，适应环境的能力差，也就说明快速变化的光（磁）圈并不有利于生物寿命的延长。

五、左旋与右旋

自然旋转构成有形个体的有规律运动，包括生命替代循环、星球规律运行、地球生物美轮美奂、万物霜天竞自由，均由光磁火"8"圈能量的变换来推动。

就像哥白尼天球相接理论，大圈的轨迹就是小圈的轴心，小圈的轴心总是开放的，开放的口子就是内外圈能量交换的根源。不管是天体还是生物，其时间具有单向性。四肢与爬行动物显示出由远到近、由小到大的单向目标捕捉的生存方式寻找食物，来维持其生存与发展。

这种生存与发展的方式犹如变化的电场产生变化的磁场，变化的磁场产生变化的电场不断变化前行，既体现了光行的单向性，也体现了遗传的单向性，由远到近，由小到大。其就如闪闪的红星，由内向外一阵一阵，平面波产生的同时垂直波消失。

从目前掌握的能量形态来看，主要以光、电、热、声等，其表现形式均为不断向前单一方向的光磁火"8"圈波。这些光磁火"8"圈均存在同一性，就是由点向面再向体不断旋转扩张，完全符合热力学第三定律，从有序向无序的空间扩张，也符合宇宙运行远红外扩张的观测结果。在扩张的同时，并不是按简单的点—线—面—体这样的顺序进行，因为扩散总伴随着旋转，向右旋转则在外圈层积累更多的波，同时该波因强度不够断裂而发散，内波纯向两极点发散，外波杂向四周发散，温差变化外大于内，表现为外波固化形成壳；而左旋则在内圈核心层积累更多的波，该波的断裂发散是内波多于外波，外波流速快，闭合度大，表现为中心体先固化成中心脊或"中心火"，外圈层阻力小温度低，温差变化内大于外，往往形成皮圈层。

中心脊固化一方面是左旋导致的，但另一方面达到平衡后又会出现右旋波。因为当中心脊固化达到平衡后，内外环境会发生逆转，才能产生交错的连续光磁火"8"圈，就像把绳索的两股反复揉转，形成一系列的小光磁火"8"圈，从而出现细胞分裂，一变二，二变四，以 2^N 增大，相当于计算机的二进制，复制出非常多的同类型细胞，也就会出现旧细胞死亡新细胞产生，推陈出新，推动生命的更替。人体青春期发育后，卵子与精子出现，可以认为其是逆向发育而形成的单一圈层，但当卵子与精子结合后，就会扭转成明显光磁火"8"圈，形成独特的双螺旋结构 DNA 和 RNA，为生命提供基础。当光磁火"8"圈断裂，新的个体就会从旧的个体分离出来，也就会出现代际遗传。人的血液流动包括动脉圈与静脉圈，也可看成是以心脏为中心的光磁火"8"圈交换物质与能量的过程。当然表面壳化的动物，其中心脊层也会达到饱和形成纯洁单一的卵细胞，只不过其聚焦温度是缓慢变化的，难以成固态。不管是左旋还是右旋均出现不同的双螺旋结构 DNA 与 RNA，若形成内缩凹进结构就会显示阴性，若形成外凸结构就会显示阳性。

　　植物多以右旋波的圈层存在，其外层以植物纤维（单糖）等形式存在，一旦形成旋转方式，当受阳光、气候、土壤变化控制时，就会自然而然达到稳定而呈现饱和状态。春夏太阳光由弱变强，远红外线波长由短变长，地表温度普遍变高，到春分时节，右旋快的植物就会快速膨胀生长；到秋分时，远红外光由强变弱，波长由长变短，地表温度由高变低，这些光磁火"8"圈右旋快的植物又会达到饱和而出现左旋，使得两种旋度的植物交汇而产生光磁火"8"圈种子或果实，也就是双螺旋的 DNA 种子。种子的存在总是出现在热（光磁）强且不封闭的枝头或者根部，因为不封闭的地方温度变化快且内外交流波线频繁。特别是花粉受精的子房是出现果实或种子的地方，而花生、土豆、番薯等由纯洁的根部来结成果实。番薯、土豆等只需要切块埋入土壤中就可以生根发芽繁殖后代，因其表皮光滑且黏度强形成的旋度吸光与反光性能好，很快就会形成单一方向的光磁火"8"圈层，而萝卜因其表层黏度较差，只能靠菜籽埋入地下才可能生根发芽结成果实。

脊椎动物通过外界界面使远红外线内光磁火"8"圈向内聚焦而形成脊柱或骨骼，同时外层聚焦的远红外线外皮光磁火"8"圈流动快，从而形成内硬外软的结构；而甲壳内动物一般暴露在水中或土壤中，与土壤接触密切，外层分裂的远红外线光磁火"8"圈发射速度慢，且内层远红外线吸收弱，如血管的温度与强度都比较弱。一些冷血动物因而外壳强，肌肉弱，抵抗外来压力强，如水甲虫、虾、贝壳、螃蟹等动物。

以硬界面还是软界面居中心取决于左旋或右旋磁场的强度变化的快慢。蛋白质氨基酸以左旋的居多，而葡萄糖（蔗糖、木糖、甘露糖）以右旋的居多。这与范托夫和勒贝尔提出的碳原子4个键连续不同的原子或原子团相似，一种使偏振光左旋，一种使偏振光右旋，所有旋光的化合物不是左旋就是右旋。在活组织中发现所有的单糖都属于D（右旋顺时针方向）系列，而所有的氨基酸属于L（左旋逆时针方向），那么是否可以认为，一些动物是左旋的，一些植物是右旋的；大部分脊椎动物是右旋的，大部分甲壳动物是左旋的；坚果植物（如花生、板栗、核桃等）向外左旋，坚核种子（如西瓜、南瓜、冬瓜等）向内右旋。左旋的向下接近可依赖的界面而集中于边缘界面，右旋的远离可依赖的界面而集中于中心界面。

六、推陈出新与发展壮大

植物大多数固态物质是从大气层中获得的，利用阳光能源将大气层的二氧化碳转化为简单的糖类，也就是植物吸收光线，呼出二氧化碳，以线的入口推动气、液、固的形成，同时还可以放出更短的光磁火"8"圈线——氧气。植物脉搏跳动，无光照耀时，植物的气孔总是关闭的，水分挥发蒸腾减少，植物就会粗壮；而白天时植物大多数气孔是开放的，水分蒸腾增加，植物周围就会趋于收缩。周围环境的水分越多，植物就会越高大。如澳洲杏仁桉树可达 150 米高，叶子侧面朝天，可减少阳光直射，防止水分过分蒸发。

大气圈水汽层往往分布在地球表面的高山、峡谷、赤道附近地区，一些平原的水草层事实上可能是由峡谷谷地泥沙或火山灰淤积而成，但其土层的水分聚焦而成的水汽膜界面还是比较大的，为大型动物的繁衍提供了源源不断的能源供应。光磁火"8"圈的厚度与强度决定了动物形体的大小，但光磁火"8"圈两端的发射波的强度与频率又决定了其对外环境的适用关系与感受能力，发射波越强，敏感度越好。

由此可知，旋转光磁火"8"圈圈层界面只需要有纯洁的出入口就有可能产生遗传物质并繁殖后代，只不过该面必须是一定波长范围内的热（光磁）并相对闭合，闭合越快，其表层越厚，水分与热量保持越持久，其生命周期越长久，否则越短暂。

植物的枝叶如果垂直于根茎，并呈现细致光亮的颜色，就可以起到对外反光，对内保温，减少热量对外辐射，维持体内温度总体恒定的作用。也就是说圈层效应在起作用，当一个连续圈层分散成几个表面，但表面与表面的关联一直存在，并起到减少对外耗散能量的作用，这种作用由该植物个体吸取或摄取外来能量的多少来决定。个体越大，外圈层表面越密越厚或密集度反光性越好。

动物如大象、狮子、老虎等，植物如高大乔木银杏树或澳洲桉树，旋度相对较大，形态大的动物或植物往往表面厚实，内外出口吸收或接受火（光磁）圈较大，对外辐射出口较小，保持水分与温度热量较多，或消耗能量与其个体的比值相对较少，使得其只能不断增加热量与水分。每年均有富余后达到平衡，达到平衡后继续增强增实，个体会越来越大。很明显乔木旋度、纯度、层级数大于灌木，也大于草皮与蔬菜等。草皮与蔬菜瓜果旋度、层级数小，不闭合的光磁火

"8"圈层界面比例大，易于被食草动物摄取与吸收，其钠、钾、磷等轻元素或火元素含量非常丰富，向外发射的火（光磁）波相对较多，会出现柔嫩的左旋或右旋光磁火"8"圈植物。

随着天气与阳光照射少，春夏向秋冬转化，植物的火（光磁）圈变得相对较弱，圈内的温度减少与水分的减少使得表层薄的植物快速枯萎，同时在枯萎前一方面结成种子，另一方面根系处于封闭状态，迎接严酷的天气等待来年气温慢慢升高，水汽层逐步增加。因此可以认为，温度降低或火（光磁）减少是冷缩的一个表现形式。太阳光长波减少，短波增加，光磁火"8"圈与外界的连接口封闭，处于相对稳定状态，也就是说内外火（光磁）处于暂时不交换状态。直到来年春天日照时间增加，水汽层变厚变强，长波变多，就可进一步刺激根系光磁火"8"圈，使之光磁火"8"圈缺口与外界光磁火"8"圈火（光磁）再次相连，使得光磁火"8"圈受热形成新的光磁火"8"圈并不断膨胀，再次出现生机，如草地、花卉在春天再生现象如期出现。光磁火"8"圈的不断膨胀也可以解析用牛粪培养出蘑菇的现象。

可以这样认为，植物与动物的免疫系统作用就是由外向内的光磁火"8"圈逐步关闭的过程，关闭越多，其外围圈层消失得越多，对外显示出植物落叶、草木枯萎，动物蜕皮、脱胎换骨等现象。

植物的圈层结构由火（光磁）到基本的水固形成的圈层与元素周期表中的轻重元素的排列相对应，也可能与地壳内外元素分布相对应。轻元素如氢、钾、钠、氧、硫、磷等易燃元素位于地表圈外层，金属与非金属、放射性元素等原子核数量多的元素一般位于火（光磁）圈的中心地带，也就是高大山脉的中心地带。中国的南岭山脉、四川的横断山脉、云贵高原与青藏高原隆起的边界地带均有可能贮存世界上元素最丰富的稀有金属或贵金属以及放射性元素，也可能生长物种最丰富的动植物。

七、食物链与金字塔

达尔文生命进化论理论所说的纲、目、科、种、属分类法将生物分成以纲为中心的进化论体系，所有的生命汇成纲，又以纲汇成同一个相同或相似的幼体、种子或基因，最终回到圈层界面这个中心。

食物链与金字塔的供求关系也源于光磁火"8"圈界面。食物链是将贮存于有机物中的能量在生态系统中层层传导，或通过一系列吃与被吃的关系（捕食）彼此联系起来。整条食物链由生产者、消费者共同构成，这些能量又始于太阳能，是由低级向高级作为食物连接起来的生物链条。草原上捕食性食物链，如"草—野兔—狐狸—鹰"；水中食物链，如"水藻—贝虾—小鱼—大鱼—水鸟"。通过由小到大的光磁火"8"圈将能量流向强大的生物体内，越是小光磁火"8"圈温度能量越低，每一次物质与能量只有 10% 左右转移到上一级的营养体内，其余 90% 的能量以热量，也就是破碎的光磁火"8"圈耗散进入环境中去了，这就是著名的林德曼"十分之一"定律。

食物链金字塔供求关系基本由"CH"火圈的不断传递而成。食物链将贮存在有机物的能量——"CH"火圈在生物链中层层传导，越是高级的生物，其表面越强，对内外释放的能量产生新的生物可能性越小。生物链生产者、消费者、分解者构成多级物质与能量的平衡体系。食物链是由英国动物学家埃尔顿 1927 年首次提出来，生物通过吃与被吃将营养关系联系起来的序列，就像一条链子一样，一环扣一环，在生态学上就叫作食物链。如果食物链中的一环缺失，会导致生态系统失衡。一条食物链一般包含 3~5 个环节圈层，使得能量单向流动，逐级递减。有捕食性、碎食性、寄生性食物链，前二者是大吃小，后者是小吃大。这与原子外围电子层"1 2 3 4 3 2 1"类似，可以理解为大型动物吃小型动物，小型动物吃植物，如狼吃羊，羊吃草，但狼也会被虫咬。虫虽小，但其纯洁，灵活性好，群起一样可以使狼无可奈何。若没狼，羊群大量繁殖，草也难以生长，一旦碳氢火（光磁）圈供应不上，就会出现沙漠化。因此要保持生态平衡，必须要有足够的水分与火（光磁）圈，或者生物圈的合理搭配，保持能量流动与物质循环进入一个合理的区间，不至于出现断层。

简单地说，食物链金字塔更容易说明光磁火"8"圈的形成与消解过程。"CH"火圈对内营养内脏器官，对外释放热量产生新的光磁火"8"圈，尤如夏天垃圾会产生蚊虫一样。圈层中间是强大的，内外两侧是分裂削减的，但只有纯洁灵活的层面才是有活力的，同时又是强大的。每一可依赖的界面，如地球表面土壤层、江河湖海底的土壤岩石层均含有大量的"CH"火圈元素，并以核的形式聚焦形成无机碳与有机碳。无机碳以能量形式存在于煤炭、石油、天然气等地表层内，而有机碳以植物、动物与微生物存在于生物体内均以一层或多层界面贮藏起来。由于有机碳含有氢与氧，特别是氢元素，它既有水的成分，其双螺旋结构更体现出更多的光磁火"8"圈结构，一般为二三层，很少超过四层，双螺旋旋转能出现更多的光磁火"8"圈，使其脱离原有的可依赖的界面在一定空间中生存。如动物的界面碳氢激活后使得光磁火"8"圈不断旋转，一些集中在关节，一些集中在动脉处成为"泵"，一些集中在心脏、肝脏、脾脏等，这些集中处形成的循环也产生了火圈（能量）的传递与流动，使得整个个体保持形态平衡并不断与外界交换物质与能量——火（光磁）光磁火"8"圈。当以一个方向热扩散时，个体形态增大；当以正反两个方向同时扩散时，只要它们能产生较强的摩擦，就有可能产生新的子代个体。

是否可以这样认为，氢是连接太阳光线最主要的物质。只有粗结构的波才能容纳细结构的波，两层以上的波特别是方向不一致的容易因速度不一致而产生摩擦产生新波。氢的圈层相对简单，其外层的电子层最接近于光线等离子体，那么以"固体—液体—气体—等离子体"出现的物质基本是以其旋度与散度，纯度与杂度来反映的。纯度越高的旋度越大，波长越长最容易形成等离子体；杂度越高的散度越大，波长越短，最容易形成固体。当然旋度高的层级也会少，杂度高的层级会相对较高，随时可以发散。这也解析了氢的放射性元素氕、氚等元素层级多但纯度大，因而其能级大。

因此，层级纯洁的界面（包含杂化界面）、旋度大的界面（包含散度大的界面），形成由小到大、由稳定到不稳定或灵活的（包含圈层）关系，也就出现吞噬与包含关系，对生物来讲就是能量捕食交换关系，是一种非常自然的关系，与生俱来，无须后天培养。

八、进化论与稳定性

达尔文的自然选择学说说明了生物本身与外环境的适应关系，但最初的卵子与种子基本是圈层状态的。动物还具有双层圈层，以球形的居多，但形成完整的生物体之后，会出现各种形状与功能的个体去适应周围的生态环境，并进行物质与能量的交换，保持平衡与形体的基本稳定。但虫蛹变蝴蝶、蝌蚪变青蛙，均体现了形状随环境水分与光磁的减少而发生剧烈的形体变化。也就是说水分与光磁可以刺激光磁火"8"圈表面一些地方收缩、一些地方扩张，甚至出现折射后颜色的不同变化，如蝴蝶翅膀的颜色多样化。

拉马克的用进废退理论也体现了圈层变化的意义，因为只有可用才能与外界接触产生摩擦，才能与外界交流信息（能量）与物质，而信息可以认为是能量的线性表达方式。但使用方面不能过度，如过度使用眼睛可以使其发生形变，出现近视或眼睛疾病。可以说能量是圈层效应的基础。火是最基础的能量，它决定着对周边环境辐射或影响的范围，信息也具有同样的作用。科学家香农将信息统计运用到热力学熵增原理，他认为信息量是熵增，概率越少，信息量越多。信息量的多少与事件发生频率成反比。也就是说,信息量越大,不确定量就会越大,信息量就是要消除事物的不确定量。因此,可以认为,相对稳定的信息量少,不稳定的信息量多。简单就会稳定,简单就会幸福,简单就会身体健康。

笔者认为,信息是线的光磁火"8"圈层效应,能量(火)是面的光磁火"8"圈层效应。但其同时存在时,面光磁火"8"圈分布在内,线光磁火"8"圈分布在外,线、面光磁火"8"圈不是相对孤立的而是相互联系的,它的存在总是先形成线光磁火"8"圈,以线的形式现行扩散,然后再以面的形式扩散。如植物的种子很少是正球状的,往往是扁球状或不规则的体状,进入土壤吸收水分与阳光,基本是以两端为基础的扩散,而含高水分与阳光的中心脊向四周均匀扩散。随着压力的增大,面光磁火"8"圈逐渐向线光磁火"8"圈转化,才可以形成完整的叶、花、枝、根等冠状或球状的结构。动物也具有同样的特性,先形成球状的光磁火"8"圈,阴阳两圈核中心光磁火"8"圈融合后结合在一起,才能形成一个相互交换物质与能量的光磁火"8"圈,不至于能量跟不上而消亡。阳向外,阴向内,犹如人体的动脉与静脉一样,外圈包围一个个内光磁火"8"圈,构成了运动与成长的根源。

(一)生物生长规律

为何惊蛰后地球上植物繁茂并大量涌现?蛰虫惊醒,天气转暖,渐有春雷,北半球进入春暖花开的季节,惊蛰三候:一候桃花、二候杏花、三候蔷薇。惊蛰雨水渐多,乍寒乍暖,大有"一声霹雳醒蛇虫,几阵潇潇染紫红,九九江南风送暖,融融翠野启春耕"。惊蛰雷声是大地湿度渐高而促使近地面热气上升或北上的湿热空气势力渐强,活力频繁所致。惊蛰时冷时暖空气交替,天气不稳定,湿气波动甚大。常言道："惊蛰不耙地，好比蒸馍走了气。"气温回升的话，一层又一层的光磁火"8"圈加厚，云层增加，层与层之间的摩擦增加，原来不活跃的光磁火"8"圈开始活跃，光磁火"8"圈两端的触头与交流明显加快，万木吐春，万物苏醒，万虫由土层上升到地面以适应环境的火（光磁）加快变化。春季是母牛配种的季节，给公牛、母牛增加饲料，可以促使其发情，以利配种。惊蛰吃梨，助益脾气，令五脏和平，以增强体质，抵御病菌的侵袭，因而山西有名谚："惊蛰吃了梨，一年都精神"。易经称之为阳气日盛，阴气日衰，万物始生，盎然欣欣向荣。

按照光磁火"8"圈增加理论，北半球春天变幻地气形成负压，可以将土壤层向上拉动，土壤气孔增加，雨水与阳光容易进入，光磁火"8"圈摩擦必然增加。母光磁火"8"圈产生子光磁火"8"圈，纯洁的种子、卵子（精子）也会变化生成快，只要每个光磁火"8"圈摩擦力足够大，就有可能受精，繁衍后代。此前有生物学家认为，土壤层的空隙可以贮存氧气与养料都是蚂蚁的功劳，但关于"蚂蚁是如何诞生的"却没有下文。

为此，笔者认为，所有的小光磁火"8"圈是构成生命体的基础，各种各样频率与波长的光磁火"8"圈受外围光磁火"8"圈层与环境大光磁火"8"圈的相互作用而产生摩擦或斗争，使得小光磁火"8"圈层破裂累积，可以向大光磁火"8"圈层的触头吸附，使得大光磁火"8"圈层变厚变强大，并不断聚焦，好像消化、吸收一样，同时大光磁火"8"圈不断向外膨胀，滋养小光磁火"8"圈成长壮大。这些光磁火"8"圈层外围的触头就是吸收扩张的基础，离开了火（光磁）来谈孤立的闭合圈物质，这对说明其变化、运动是没有意义的。

可以说，光磁火"8"圈本身与外环境光磁火"8"圈交换的火（光磁）光磁火"8"圈越多，说明其成长越快，发展越快，威力越强大，个体越灵活且体型大，影响力与生物金字塔的位置越高，具有强大的势能（内能），同时其频率变化大，反映动能也越大。反之，如果光磁火"8"圈圈层本身与环境光磁火"8"圈交换少，甚至不交换，那么就不会有多大的反应，其位置就相对静止。如固体物质就是因为相互之间的交换少，那么其变化也少，引力也会小。

生物生长与存在就是弱肉强食、大鱼吃小鱼的过程，也可以认为是大光磁火"8"圈生物吞噬小光磁火"8"圈，并不断交换光磁火"8"圈或能量的过程。生物金字塔顶总是数量相对较少但能量强大的光磁火"8"圈的大型且灵活的动植物，塔底是数量繁多但个体小的光磁火"8"圈且活动范围窄的微生物。

（二）鸡与蛋先后顺序

到底是先有鸡还是先有蛋，先有种子还是先有树呢？当前围绕这个问题，似乎解析不清。笔者认为，应该是先有蛋后有鸡，先有种子后有树。表面上看是光磁火"8"圈的两端及其变化，实际上是光磁火"8"圈不断演化的结果。旋度越大，光磁火"8"圈速度越快，越容易脱落变成一个个"0"圈，即我们看到的有形物质个体。但是光磁火"8"圈首先是纯洁的波圈才有可能结成光磁火"8"圈，才有可能形成生命。我们知道，生命的遗传基因 DNA 是双螺旋结构，这种独特的双螺旋结构由两条碳链盘旋而成，一条左旋，一条右旋，可能所有的自然界有形个体都具有这个特性，特别是生物体具有此特性。生物体的细胞质与细胞核与原子学说的原子核与电子有异曲同工之妙，也就是说核表面与质表面均有一层独特的膜，膜内外均形成内外环境，该膜可能是左右旋转的波圈所形成的双圈。如果是单圈，要么是持久的扩张，要么是持久的收缩，难以达成相对稳定的物质而保存下来。当内（左）波强大时，整个波趋向内收缩凝结，成为种子、卵子（精子）；

当对外（右）波强大时，整个波趋向向外扩张发散，形成枝叶或花朵或个体成长。

对内收缩是外环境红外波减少，温度降低，核表面波水汽较少，与该光磁火"8"圈膜表面旋转减少，其火（光磁）圈紧缩快，对外辐射的波产生少，热交换少相关联。比如秋冬天，许多植物因缺水而枯萎，动物冬眠，民间认为是阴气上升，植物表现为结果，动物表现为卵子（精子）大量繁殖。或者说秋冬天太阳光短波增加，长波减少，使得动植物个体周围的生存线难以与外界进行交流、交换波线圈（能量），只能慢慢收缩成为个体有形物质；对外扩张使外环境红外线增加，温度升高，核表面波与质（膜）表面旋转层级增加，双波摩擦增加，对外辐射的波产生多，热交换多，水汽丰富。如春夏天，许多植物膨胀生长嫩芽，动物苏醒，民间认为是阳气上升，植物表现为花叶由小变大，枝叶繁茂，动物更多表现为精力旺盛，卵子（精子）生长较少。当对外的活动范围、能量的消耗强度增加，内能减少，种子、卵子（精子）量就会减少。

达尔文认为，生命个体包括动物、植物、微生物一定要与外环境相适应，日出而作，日落而归，顺应自然，方得始终，否则就会遭到环境的报复，难以生存，因而与外环境温度相适应是最根本的。

对外扩张阳气上升又是动植物个体的火（光磁）层扩张呈现多层波圈的过程，波圈越多，对外的保温效果越好，对外吸收产生的波摩擦形成新的数量众多小波圈，犹如种子、果实、卵子、精子或细胞等。但越杂乱的波则出现相互制约、重叠，就有可能被固化，形成相对稳定的中轴，如植物的枝干与动物的骨头等；而相对纯洁的波圈就会出现对外扩张，形成多层界面，当界面的波长与外环境的波长相一致后，就可能达到平衡，不再长大，内外波线圈扩张减慢，摩擦减少，运动减慢，吸收与消化功能丧失，整个个体就可能出现衰亡的迹象。

　　这样看来，先有蛋后有鸡、先有种子后有树是最有可能的。鸡不过是蛋的不均衡的外在表现形式，是双螺旋光磁火 "8" 圈摩擦而成的产物；树也是种子的外在表现形式，是双螺旋光磁火 "8" 圈摩擦较小的产物。可以说动物比植物具有更强烈的摩擦趋势，才使得被固化的植物总量远远多于动物，植物只能上下旋转膨胀并向外平行生长，根根相连，而动物可以快速使光磁火 "8" 圈断裂，多层光磁火 "8" 圈自由开合只要其能保持一定的温度，形成新的独立个体，可以形成空间隔离而独立生活，只需有定期补充热量即可，灵活性更大。鸡的大小取决于它与外界活动圈每日可吸收交换火（光磁）圈的多少，而树的大小取决于它周围水汽圈所包围的火（光磁）圈层数的多少与交换的能力。

　　鸡与蛋、树与种子的关系与达尔文的进化论有异曲同工之妙，达尔文的进化论认为物竞天择与自然选择多以环境所决定，随着生物对"自然系统"——生物的周边环境而适应产生。达尔文认为物种并非永恒的、固定的或彼此孤立的。旧物种开始变异的时候，新物种就出现了，这些变异经证明曾帮助该物种在生存斗争中处于有利地位。

　　蛋与蛋黄之间的膜可以认为是核膜，蛋白与蛋壳之间的膜可以认为是质膜，而两层膜之间的意义前面已多次提到，膜表面波圈的转动产生的对内对外辐射形成的红外波，一部分光变成长波随血液或神经通过毛孔与外界交换物质与能量；另一部分变化成短波在膜内表面反射聚焦形成内脏器官，如大脑、心脏、肝脏与脾脏等，特别是肝脾脏颜色趋于蓝黑色，心脏颜色趋于红色，更说明其活动的层级与光的分离（短波变蓝，长波变红）相关，摩擦产生的火（光磁）小波非常多，可以将食物的碳链打断进行分解。摩擦越厉害，其放出的光芒越多，分解速度越快，发热越多，这些多余的热量可以通过口腔与肛门快速排出，甚至可以通过汗腺或皮肤的毛孔排出，以维持个体的热量平衡。

内核热未通过外质膜向外排出前，先行通过内核膜。由于内核膜的光滑，其运动速度快，一部分火（光磁）被反射回来，与外质膜反射回来的火（光磁）波叠加，就会形成纵横交错的波，逐步固化成骨头。当两种波一部分被加强，加强部分成为骨头，削弱部分形成中空，如骨头的骨髓部分、肠道、血管、心脏的心房心室等。中空部分就成为物质与能量输送的通道，实体部分表面的波不断流动产生摩擦发出的波构成消化与吸收系统的火（光磁）波，随环境波的变化与自身摄取食物产生能量的火（光磁）波的变化不断去平衡，以保持身体物质的完整性与能量平衡。

动物四肢与头骨的形成也呈现明显的光磁火"8"圈关系，动物光磁火"8"圈旋度远大于植物光磁火"8"圈旋度。植物根叶在环境温度总体上逐步升高的情况下，其光磁火"8"圈总是呈现不断拉长的扩张状态，表现为发散长大，如根叶的生长长大。但如果环境温度总体上逐步降低，其扩张对外的阻力增大，受反射使得其向外发射的磁波转化为电波，收缩形成球状的有形实体，如果实以及其包含的种子。反射越发散，其形成的种子越多，许多种子的形成具有明显的规律性排列，如葵花籽、玉米、花生等，甚至鱼卵、鸡蛋等。若单个内旋光磁火"8"圈旋度远大于外旋光磁火"8"圈旋度，其核圈层旋度明显高于膜圈层的旋度，使得核的形态会变小变长，若受挤压大，则会出现个体大的核形态。质膜圈越厚实且光滑，就会显示植物果实个体形态大，因为外来火（光磁）难以进入，只能从中轴线进入该个体，使得其膨胀的压力大，积累的火（光磁）多，吸收多释放慢，体型自然而然就会变大，比如西瓜、大象、鲸等。

九、环境污染与个体健康

环境污染可以认为是各种不同物质聚合在一起不断杂化的结果。

　　如果只有几种元素在一起就会产生非常强的效果，而非常多的元素聚合在一起就出现环境污染了。

　　只有一两种污水出现比较容易进行生化处理，反应相对容易些，因为生化需要的是碳、氢、氧、硫、磷等几种元素。若被杂化的污染物质越多，形成的生物膜圈层越难，因此，若工业污水与生活污水混合在一起时，细菌就会难以养活，小细菌不活，大细菌更加难以长大，污水处理效果就会不佳。也就是说污水处理的好坏取决于污水中碳与氢的比例多少，碳、氢等火元素含量越高，变化越快，其他杂质越少，越容易形成生物膜，生化效果会越佳。当工业污水混入其中，重金属等离子化程度高的话，必然会破坏生物膜的形成，污水处理系统中的细菌难以成活，污泥量自然会少，黑臭问题就难以消除。

　　同样大气污染也是大气污染物排放环境中不断杂化的结果。从总量上来说，空气中人为排放的二氧化碳或水蒸气含量高，占几乎所有大气污染物的大部分，虽然不会直接导致人体中毒事件的发生，但它可以形成水汽膜或天空中的云层，当水汽膜形成的层级越多，厚度越厚，其扩散就会出现严重的迟滞，出现天空中灰蒙蒙的雾霾现象。

　　上面说的水汽的层级与当地地表排放的水蒸气总量与热量相关，多余的热量若释放不出去，不断积累，不断反射聚焦，就会产生所谓的PM2.5细粒子。也就是说，一方面该粒子不断向外形成多层（一般不大于三层）的辐射波，同时随着辐射波的聚集，又吸收外来波线聚焦形成新的粒子，使得该粒子要么长大，要么缩小。当辐射能力大于吸收能力时，也就是辐射速度大于吸收速度时，其形态会进一步变大，但密度会进一步变小，直至波表面破裂消失。因此，可以认为光磁火"8"圈波表面的厚度与强度决定了该有形个体的大小，而其厚度与强度取决于该波表面的复杂化度与外界交换波线的触觉的交换量，交换量越大，虽然其敏感，但强度会降低，也就使生命周期会缩短。

因此，要保持强有力的生命周期必须一方面要迟钝不要太敏感，另一方面要使其减少与外界的波线（能量）交换。而消除雾霾则必须将因热辐射形成的水汽层减少，或将大范围的气层降为液层或固层，将大部分气态污染物转化为液态污染物或固态污染物，控制其污染的范围。

在纯洁的空气或水中一旦形成了固体状或固液状，就必须将该固体状的光磁火"8"圈界面尽可能减容，焚烧表面上是可见减容的过程，可更多的是不可见增容的过程。因为一部分污染物有活动毒性的转化为非毒性的固体物质，但更多的污染物变成气态的挥发性的气体进入空气中或水中，看似达标的污染物转化为空气或水中污染物，虽然可以转换为一部分能量——光磁火"8"圈界面，但造成了更为复杂的污染区域，得不偿失。水也一样，如果不是用物理或生化法处理污染物，而用化学法处理污染物，使得污染物变成更复杂的污染物，虽然可以沉降一部分有毒物质，但更多的污染物形成更多的光磁火"8"圈界面，极易形成黑臭河流现象。因此，要减少河流黑臭现象，除使用物理与生化法降低污染物的污染范围外，更多地是要做好分类收集系统，分类越细，越有价值，越容易资源化。能资源化的物质光磁火"8"圈界面的层级会很少。

因此，最好不要将各种不同类型的污染物，如工业、生活、农业污染物混合在一起集中处理，而是要将所有的污水、废气、废渣或固体废物分类收集，尽可能资源利用，从源头上选择尽量少品种的原材料，或成分相对单一的原材料，以利于后续资源化。对生活垃圾更要分类收集，要分到不能再分为止，才可以全面资源化。因此可以说，火是一种增加混乱程度的光磁火"8"圈界面的东西，而水才是纯洁光磁火"8"圈界面实现分层的物质。"减火增水、减动增静"可以使得环境变得越来越好。

总之，环境污染就是当生物个体与周围环境的空气、水、土壤出现杂乱无章时，使得该光磁火"8"圈界面与周围环境光磁火"8"圈界面难以相适应，难以顺利进行波线（能量）交流或交换，产生不协调或非稳定健康状态，甚至出现疾病。纯洁清澈的水、碧蓝的天空、鲜艳的花朵、诱人的果实、刚生的婴儿总是那样纯洁可爱，是因为这些均是纯洁单一的光磁火"8"圈界面。若这些纯洁单一的光磁火"8"圈界面以暖色调出现，则使人兴奋、开心；若以冷色调出现，则使人冷静、理智。这些都是环境决定个体并不断变化的结果，也是自然环境的最佳状态。

03
CHAPTER

第三章
圈层运动的
天文学思考

望远方知风波小　凌空始觉海浪平

一、磁场与火光

整个宇宙体系都是电磁场转动而形成的。电磁圈大都有核心圈，产生火热，这也就可以认为有形物质世界是由"火中心"形成的，我们往天上看就是那火热的太阳、月亮与星星。如银河系是以银河为"火中心"的，太阳系的运行是以太阳为"火中心"的，地球是以地核为"火中心"的，其他行星与卫星均是以该核里火为中心的。因为只有火才能发光并不断进行内外环境物质与能量的交换，也就是火同时具有物质与能量的特性。那么问题就来了，我们平时看到的树木、石头、家具、建筑物等都没有火中心，它们都只是火中心外围某个杂化圈的一部分，许多时候只是无机物，没有形成光磁火"8"圈界面，难以发现其运动变化，因而它们不是天然存在物，只是光磁火"8"圈界面某个局部，不易与外环境进行物质与能量的交换。如果杂化越紧致或表面圈越光滑，与外环境交换的物质和能量越少，其保留的时间越长。

因为火是等离子体，若形成两层以上的火光磁"8"圈界面，就有可能产生转动发生摩擦，出现新的光子能级跳跃，形成新的微磁场。磁场圈对外扩张，而电场圈对内收缩，但遇到阻力时自然会发生摩擦产生火光热。可以认为恒星是以两层火圈快速转动摩擦形成高温与强大光源的结果，很多时候是氢核和氦核的摩擦形成的高温气体，它的外围与氢气的"火中心链"密切相关，因而存在明晰的光亮特征。而行星外围包裹了大量的杂化的无机物，如铁、镍、氧、氮等，其光磁火"8"圈界面旋转速度较慢，燃烧与摩擦产生的光源比较少，因而不对外发光。

太阳系各行星外均有磁场，太阳有太阳磁场，地球有地球磁场，其他行星均有磁场。磁场的变化来源于电场，电场是联系火光磁火"8"圈界面最基本的物质。太阳沿一个方向运行时，它形成的辐射是一个近似的平面，越是平面，其发出的光线越快。太阳系各行星的运行面称作黄道面。从其垂直的方向来看，可视为锥形的光磁火"8"圈，太阳位于光磁火"8"圈的中心。但这个光磁火"8"圈总是扭曲的，并非是简单的平面，存在章动与岁差，也使得其围绕的八大行星在其黄道面上旋转，且各行星并不是简单地在一个平面上旋转，与地球赤道形成了23°交角。但金星、天王星为何是反向旋转的呢？这可以认为从太阳开始往外有四个圈层界面，一个是太阳本身的外围圈层，二是从金星开始反向向内的圈层，三是从天王星反向向内的圈层，四是目前发现最外海王星的圈层。可以认为，太阳光磁火"8"圈波线遇阻力后形成较远的外圈，而靠太阳比较近的水星温度高，其氢含量高且圈层摩擦强，层级数量少。

前面讲到，地球磁中心的温度相对较高，与氢的密度与圈层的运转摩擦程度密切相关，其扭转的速度越快，说明该圈线的强度越大，外来动力越强，同时也要说明氢的生成速度与覆盖的范围。如果太阳本身的氢是由银河系以近直线输入补充，且量会越来越多，那么太阳系会进一步扩张，地球行星的轨道也会一步步变大，离太阳越来越远，一旦其氢浓度变低，其表面的温度也会变低，除非人为地将地球行星内部的"碳"火、"硫"火与"磷"火等点燃，否则越来越不利于生物生存。

从地球27亿年熔岩流含有的气泡显示，地球上的空气远比现在稀薄。地球表面光滑度大于现在，也就是说那时的地球表面被光滑的波线所包围，内外联系少，地球表面的活力少，生物难以形成。此前沉积的波浪岩、页岩、火山岩、折叠片岩等，呈现明显的层级，可以说是由熔融态的熔岩堆积而成，越是位于地核地幔区域，其流动性越强。流动的圈层不断摩擦形成火圈层燃烧氢气而产生水覆盖地球，为地球生命创造了条件。

那么，地球上的空气又是如何形成的？目前科学家还不能科学说明现在大气成分与结构机理的演化史。但基本可以说明地球空气经历了原始大气、次生大气与现在大气三代。原始大气由氢组成，不断收缩聚变逐步形成较重元素，根据光谱分析结果，原子丰度随着原子序数增大而减少。原地球是原太阳系中心体运动的气体与宇宙尘借引力吸积而成，它一边增大，一边扫并轨道上的微尘与气体，一边在引力作用下收缩，使得地表逐渐冷却为固体，原始大气同时包围地表。

次生大气是由太阳风狂拂所致，流星陨石从四面八方打击地球表面，使得其内部放射核性元素，如铀、钍衰变而形成的较轻元素，释放热能，一方面使得地表碳质元素将金属元素还原，形成镁、铁、硅、铝等；地球内部升温呈现熔岩状态，对流使重元素下沉到地心，轻元素浮现地表。地球造山运动与火山运动形成的气体，形成次生大气圈。有人认为，火山运动以甲烷与氢为主，尚含有少量的氨。同时次生大气形成时，水汽也大量形成，由于当时地表温度比较高，大气不稳定对流使得水汽上升，风雨雷电频繁，因而地表出现江河湖海等水体。

现在大气是否同生命出现密切相关，目前对此依然争论不休。有科学家通过放电制出了氨基酸与腺嘌呤等大分子有机物。二十世纪六七十年代也通过射电望远镜发现星际空间存有这些有机大分子，如氰基、乙醛、甲基乙炔等。但无论如何，即使前生命物质来自星际空间，但简单的最早的生命仍应出现在有氧存在的大气中。植物的出现使得大气中的氧逐渐增多，动物借呼吸作用使得大气中的氧与二氧化碳的比例得到调整。大气由于太阳辐射与地球磁场的作用，原始大气、次生大气、现在大气出现不同地质时期的大气分层。波长少于 $0.3\mu m$ 的太阳光可使氧分子光致离解，而波长大于 $0.3\mu m$ 的太阳光占总能量的98%，易被水汽与地表所吸收，形成照明与转化为热能。

已经成熟的理论认为，距地表60km以下的大气层是中性层，太阳辐射电磁波短于 $0.1\mu m$ 就难以透过，只能反射，难以光致电离。从距地表 $60\sim1000km$ 之间，大气成分受光致电离较盛，形成电离层，离子运动受到中性分子的干扰较大，难以全受到地磁场的控制；而距地表 $500\sim1000km$ 以上的大气层很稀薄，大气中的电子、质子与离子受地心引力与地磁场控制，很少受到中性分子的干扰，称之为磁层。逆温层的上热下冷使得大气湍流与对流减弱，中性分子多出现稳定现象。有太阳辐射形成太阳辐射电磁波 $0.1\sim0.2\mu m$ 紫外辐射而放热，由高向低形成热层、中层、平流层与对流层。

学界对原始大气存有不同的看法与理论。科学家 A.E.林伍德（1973）认为，原始大气是氢与一氧化碳；G.P.柯伊德认为，原始大气是以氢、氦为主的大气，且当时氢比地球上镁、硅、铁、氧四种元素的总和还要多，是其400倍。

笔者认为，原始大气可能是具有圈层性质的氢、碳光火圈层，也就是以碳与氢元素为主。如果氢火形成线圈、碳火形成面圈、铁镍（钙钠）形成体圈，那么就比较容易解析太阳与地球磁场对星球的形成、运动与演化。地球表面光滑度大于现在，也就是说那时的地球表面被光滑的波线所包围，内外联系少，地球表面的活力少，缺少碳、氢、氧圈层，生物难以形成。此前沉积的波浪岩、页岩、火山岩、折叠片岩等，呈现明显的层级，可以说是由熔融态的熔岩堆积而成，越是位于地核地幔区域，其流动性越强。流动的圈层不断摩擦形成火圈层燃烧氢气而产生水覆盖地球，为地球生命创造了条件。

二、轨道与波圈

我们知道，原子由原子核（中子与质子）与电子组成，而构成原子核的物质为什么会出现中子呢？笔者认为，中子就是一个相对稳定的波圈，当一系列的原子或分子波圈连接在一起就可以形成波面——可依赖的界面或轨道。原子核波圈由于中子波圈相对闭合稳定，难以直接参与反应，但外围电子与光圈可以在纵向无限拉长或反应，使得物质发生化学反应或物理变化。如光、火、电可以透过水或空气形成变化的波圈产生反射、折射、衍射，既可以聚焦杂化稳定分子或原子，形成一定形态的物质，又可以纯化分解或分离形成更加单一的波圈，形成大尺度的无形轨道。如行星的运动就是按一定的轨道进行，因此纯洁且速度快，难以形成反射不为人所发现，还有海洋的洋流、冷暖空气的环流、生命周而复始的运行规律、生老病死等。

轨道可以认为是通道，由于其闭合圈太大或界面无法反射到视网膜上，人是察觉不到的。通道越小，其旋度越大，散度越小表现为大尺度；通道越大，其旋度越小，散度越大，表现为小尺度。但同一能级的物质若连接在一起受一定的能级源控制不至于消失，那么其表现为形体与总数的乘积可能为一常数。也就是闭合圈上有形实体的个数在其垂直方向上均会有不同的分布，个体形态大，则总数小；个体形态小，则总数大。起伏大的波圈界面可以感应形成个体大的物体或生物，相对平稳的圈层界面感应易形成个体小但数量多的物体或生物。

如生物的循环转动形成的本轮与均轮共存共生一样，构成物体或地球表面生物的多样性。

三、地球层级与辐射通道

从地球 27 亿年熔岩流含有的气泡显示，地球上的空气远比现在稀薄，也可以推测地球表面的光滑度大于现在。也就是说那时候地球的表面由光滑的光磁火"8"圈波线包围而成，难以向外辐射光波或气体。此前沉积的波浪岩、页岩、火山岩、折叠片岩等皱褶呈现明显的层级，可以预测是石灰岩或熔岩（熔融态）逐步堆积而成，越是位于地核层，其圈层活动的趋势越明显。

熔融态的岩石缓慢冷却，下层是以铁为主的层岩，上层是以钙为主的层岩，只有再往上地表层才是以碳氢为主的土层与以水汽为主的生物圈层。这些地层表面也呈现出各种不同的涡旋光磁火"8"圈。

意大利西西里岛雷阿尔蒙特盐矿床是在"墨西拿盐度危机"中形成的，各层皱褶就像不同层级的奶皮逐级堆放而成，呈现出五彩斑斓的形状，构成独一无二、鬼斧神工的自然景观，让人叹为观止。距今大约 560 万年前，地中海与世界其他海洋分开，而且在这之后的"墨西拿盐度危机"时期，随着海水蒸发，海平面急剧下降，但海水还是在大约 530 万年前恢复了，地球历史上最大的大洪灾出现了。据钻孔、地震数据推测，虽然是从一个可能持续了数千年的涓涓溪流开始的，但多达 90% 的水是在不到两年的时间内输送到地中海的。这个突发的洪灾使海平面以超过每天 10m 的峰值上升。

那么地球上的水到底来自来哪里？前面分析过，只有氢火可以形成水，太阳系是由大量氢组成的，低浓度的氢是难以燃烧的，而且要保证在短时间内产生大量的水，这个通道在哪里？地球空气中最多的元素是氮与氧，地壳最多的金属元素是铝与硅，而地球最多的元素是氧，但只有碳与氢才能长久燃烧。地壳上碳首先是煤炭，然后是石油，最后才是天然气，而天然气与石油是以碳氢化合物组成的烃类为主。地球石油主要集中在地球的东北半球，或集中在北纬20°～40°和50°～70°内，中东地区的原油占世界原油的2/3，这正好使地球涡旋变化成两个区域。地质学家将石油形成的温度范围称之为"油窗"，温度太低则石油无法形成，温度太高则形成天然气。而地球上空的范艾伦辐射带的纬度范围一般在南北纬的40°～50°范围，内带在1500～5000km内，外带在13000～20000km，它是一个甜甜圈形区域，含有"致命电子"，环绕在地球周围。内辐射带高能质子多，外辐射带高能电子多，很明显在纬度40°～50°范围内容易形成两层界面，使地球表面与空间磁场相通，摩擦更易产生氢火向地球输送，形成覆盖在地球表面的水。

范艾伦辐射带两层形成圆盘式的闭合电场，电场旋转与周围粒子摩擦会产生势差，形成变化的磁场，磁场扭转线圈将线聚合成点形成粒子。电场转盘旋转越快，形成的磁场变化越大，横向位移导致纵向聚合力越大，粒子形成的数量与种类会越丰富，既可以是光线、气态离子，也可以是液态或固态粒子，就像云层覆盖天空，在强力旋转的台风或龙卷风的作用下会出现风雨雷电与冰雹一样。但移动下的粒子往往以单数原子为多，如二氧化氢、二氧化碳、甲烷、一氧化二碳、臭氧等。也就是说单数原子形成分子容易反射面形成体，不同于双数原子容易形成线反射面。

因此，笔者认为，在纬度40°～50°范围内地球表面容易聚焦形成磁电圈或火圈层，火圈层聚焦后会产生火山，火山引燃附近的石油或天然气丰富的区域，将碳氢化合物组成烃类充分燃烧，生成水与二氧化碳。地中海附近到中东石油贮存地不远，意大利维苏威火山是世界最著名的火山，海拔1821米，它的爆发使得庞贝古城从此消失。可以看出中东的石油库一旦被火山点燃，就会使地中海出现大范围的降雨形成"墨西拿盐度危机"后的洪水爆发。这也可能是自然界在地震或火山爆发后出现大范围降雨引发洪灾的原因。

由此可以推断，地球也许是由比较小直径的星球不断分化，不断分层扩张成长为如今的模样，给地球输入能量与物质使其成长的只能是其上空范艾伦辐射圈与太阳辐射能，辐射圈与辐射能不断向地球注入波圈，使得地球东西半球能量不均产生转动，地磁场不断向外扩张，又形成更大范围的磁场圈使得地球核心地区出现原子序数较高的铁镍圈，而次外圈出现对半分的硅铝圈，其上空出现再对半分的氮氧圈，直到更远处出现成对的氢氦圈，直至连接到太阳中心。由于范艾伦辐射圈的不稳性以及地球运转的章动与岁差，使得地球表面的山脉、河流、气流、洋流出现不同程度的变化，变化快的区域形成元素原子序数会更高一些，岩石分层、凹陷或断层更显著一些，形成大自然的鬼斧神工、巧夺天工的奇异风景。

四、地表洋流与水汽循环

前面讲过，地球表面（含海平面）一直到大气对流——平流层存在分解面，构成水汽循环系统，其中有高山、冰川、火山等向外喷发的火焰——火（光磁）圈，火焰传播最远的光波可以是旋度大且纯洁的光波。一些火焰并不可见，一些火焰可能被海水覆盖，这些不可见的近直线波可以视为等离子体的火焰，在大气中形成信风、季风或冷空气、热空气，在南北纬度 35° 内热交换受其上方范艾伦辐射带影响，上下水汽交换。目前认为，辐射带在南北纬 40°～50° 之间，高度范围分为两段，内带 1500～5000km，相对稳定；外带 13000～20000km，可以膨胀 100 倍。范艾伦辐射带是一个甜甜圈形区域，含有致命电子，环绕我们的星球。笔者认为，正是先有范艾伦辐射带然后才有地球有形实体，辐射带是地球有形实体单向旋转的产物，也是形成有形实体必备的条件。

不管地球上空多远，一旦水汽团形成平面式水汽旋式涡旋或极涡，就会因吸收阳光强弱不同出现平面局部的旋转，形成循环回旋电场，与其上下层级贯通，就会出现大规模极寒冷空气，地面为浅薄冷高压，700hpa 转为低压环流，旋转越快风速越大，水汽团也会随之消失，上方的水汽团形成的电磁场盘与地面形成的电磁场盘也随之消失，其形成的垂直管道连接高空的低温气流也随之终止，寒潮会就此终止。在海洋中形成暖流或台风也可以按照此模型进行解释。

前面讲过，无论是南半球还是北半球，地气系统在纬度 35° 是一个转折点，纬度降低辐射差额是正值，纬度升高辐射差额是负值，所以低纬度地区多余的热量是以大气环流形式输送到高纬度地区的。

稳定的有规律的洋流可能是火焰光磁火 "8" 圈 "一吸一呼" 而形成的。而季风、冷暖空气多来源于太阳辐射与人为燃烧产生的热差，使得云层破裂而消失。火焰将水汽蒸发形成一个个大气罩，只要在等温线范围，该罩的范围就会扩大，就像吹起来的气球一样形成一个大气罩，云层会越来越厚。罩衣下的云层覆盖越来越厚实，形成这种等温线的光磁火 "8" 圈界面主要的碳氢火的燃烧，特别是人类活动燃烧煤炭、石油、天然气，金属的熔炼，非金属如水泥、玻璃、陶瓷等的生产等，均会形成一层又一层的水汽圈，层层叠叠形成多层界面。一旦长波进入就会在某个界面内反射聚焦形成 $PM_{2.5}$ 粒子，反射越多，形成 $PM_{2.5}$ 粒子会越多，浓度会越高，使敏感人群产生视觉障碍，甚至抑郁生病。

大气上空对流与平流层交接的界面受太阳光等离子体的影响，使得覆盖其上方的臭氧加快扩散而变得空虚，空虚的界面使得高空冷空气下沉在一定的纬度内传递，遇到较强的云层形成一定范围的阴雨天气或冰雪天气。如果强度太大，就容易出现天灾，危害人类生存；反之，如果只在地球赤道附近的大气薄层破裂，空虚的界面与洋流暖流联通形成上下水汽循环水汽圈，极有可能形成台风、龙卷风等湿热空气，若遇云层厚的情况下，会形成强降雨。

夏天气温高，北半球理应出现大范围的水被蒸发而形成大范围的水汽云层，或者雾霾现象更严重才对，但为什么会变得更少雾霾，并呈现晴空万里呢？

笔者认为，夏天日照时间长，北半球离太阳近，红移长波非常多，形成的突发天气多，如台风、龙卷风、暴雨或地震等突发事件会多；每次突发事件过去，就会出现一段时间的真空，内外气压相近，从而形成天高云淡的大好晴天现象。

夏天红移长波数量多，蓝移短波相对性较小，使得地球上空的气流不稳定，其产生的电磁光磁火"8"圈层变化较快，如果出现高温且干燥，就极有可能出现山火，燃烧原始森林。如 2018 年全球气候变暖，具有雾霾覆盖的地区由于空气水分多，电磁光磁火"8"圈层变化慢，山火反而发生少；而空气透明度高的欧美地区，则出现不同程度的山火以及火山喷发。

2018 年 9 月 14 日至 17 日，超强台风"山竹"给广东、菲律宾的经济与社会生活造成了严重的损失。台风所到之处，摧枯拉朽造成海水倒灌，鱼类被惊吓跳跃到岸边，房屋被淹，树枝被折断，汽车被掀翻，楼房板面、广告牌以及塔吊被毁坏，使生命财产遭受严重损失。秋台风为何如此活跃，专家认为与海温偏暖有关，"山竹"台风经过的海域海温基本上在 30℃ 以上，在纬度 5°～20° 范围内，因为太阳光线由北向南移动聚焦，使得海温暖流聚合强劲给台风提供足够的能量，同时北方南下的冷空气也会增多，从而形成一冷一暖、气压一高一低，相遇后形成的风力强劲，涡旋动力明显会加强。与此同时东太平洋美国的飓风也肆虐，低纬度地区每一段时间就会形成多个台风威胁太平洋沿岸人们的生命安全，这种间歇式涡旋现象到底是否可以减少呢？先要看看其形成机理。

前面分析了光磁火"8"圈层形成并产生运动，其主要靠线与面的不均衡所导致。水汽在太平洋下是暖流与寒流，在天空上是季风大气环流，上下两个圈层如果是相反方向旋转，就会形成向心力，使得暖湿气流上升与冷干气流下沉，以二氧化氢、二氧化碳、甲烷、一氧化二碳、臭氧单原子温室气体聚集为盛，台风中心出现的低气压台风眼具有收缩作用，使得光磁火"8"圈层内核转动更快，吸收更多外"8"水汽，释放更多潜热，出现越来越强劲的台风涡旋气流，一直到陆地，由于地面的暖湿气流变得非常弱小，就可能出现离心力，台风变成低气压形成降雨而消失。不断增加的水分降落到地面，使得地球表面的海水上升。据科学家观测，近几个世纪，地球海平面上升最高达 1.5 米。

涡旋气流强烈会引发空气电流与海水流动加快，造成有规律的地磁场变得急速分散，因而以此导航的近海的海鸟会聚集在一起惊恐盘旋，鱼群会逆向跳跃，许多鱼类会跳到岸上而死亡，从"山竹"超强台风所到海域出现海鸟惊慌失措飞翔，香港海域鱼类成群结队跳上岸边可见一斑。

但是，太阳每年在地球上直射是以南北回归线 23° 26' 为界的，南回归线是太阳在南半球能够直射到的最远位置，大约在南纬 23° 26'，与纬度线平行。每年冬至日，太阳直射到南回归线，南半球盛夏，此后太阳直射点逐渐北移，之间的地区为热带，并始终在南纬线与北纬线圈之间周而复始地循环移动。但南北极圈 66° 34'，太阳始终斜射，其获得热量只能是 35° 大气环流热辐射形成的，以温带为主。

大气流场具有气旋与反气旋，高压反气旋占有三维空间，中心气压比四周高，形成水平空气涡旋。气旋与反气旋大小是以地面图上最外一条闭合等压线的范围来量度，其水平尺度一般为 1000km，大者可达 2000～3000km，小者只有 200～300km，而反气旋则比一般气旋水平尺度大得多，其发展可以达到数千千米。气旋中心气压越低，表示强度越大；而反气旋中心气压越高，强度越大。在北半球，气旋中的空气以逆时针方向旋转，而反气旋空气绕中心顺时针方向旋转，南半球刚好相反。反气旋必须有下沉气流，以补充向四周外流的空气，否则，反气旋不能存在与发展。反气旋控制区域内一般表现为天气晴朗无云，若长期稳定少动，则易出现旱灾。反气旋按照热力状况分为冷性反气旋和暖性反气旋。反气旋的近地面气流在水平方向由中心向四周辐射，垂直方向的空气自上向下补充，如果在下沉过程中温度升高，水汽不易凝结，控制该地区反气旋多形成晴朗天气，如秋高气爽是由反气旋控制的。也就是说，气旋是气流下沉因水汽凝结温度难以相应上升，往往会释放潜热形成阴雨、台风等；反气流是气流上升时温度相应降低，往往难以形成边界释放凝结潜热，易形成寒潮或伏旱。空气在大陆上冷却形成冷高压，位于欧亚大陆的蒙古——西伯利亚高压是世界上最强、势力范围最大的冷高压，其影响东可到意大利，南可达中国的西沙群岛，冷空气前缘与暖空气交汇处，易形成降雨或降雪天气，但冷高压主体到达地区维持晴朗天气。在南北纬度 25°～35° 范围为副热带高压地带，由于地形的差异，分裂为若干个闭合的中心，形成副热带高压地区。副热带高压是一个稳定少动、极其深厚的暖性高压，具有大范围的下沉气流，在它的控制下，天气晴朗。副热带高压受控的地区，往往异常干燥，容易出现火灾或形成沙漠。

科学家分析寒潮是由于太阳光斜射不是直射形成的，具有疑点。同样是有规律运转的地球，受太阳照耀，不可能会几天出现寒潮，几天后又会马上高温，空气温差与阳光照射不太容易形成线性增加或减少，特别是青藏高原长期寒冷。笔者认为，应该是随着地球高度的上升，温度逐渐下降，与理想气态方程 $pV=nRT$ 有关系，也就是说，气压低的稀薄空气难以保持阳光辐射，使得其直接穿透不易反射聚焦。当然日照时间长短以及日光照耀以反射还是以折射为主，均会影响大气温度。喜马拉雅山高山的温度几乎与同纬度同高度的对流层空气温度相近。越是稀薄空气或水汽少的空气，越难以形成阳光反射，虽然有短波照射，但难以形成长波聚焦来提升温度。高压槽或低压槽只是地球对流层级圈聚焦光波光磁火 "8" 圈在某一面上的纵向聚集连通的结果，聚焦越集中，形成逆时针或顺时针转动的光波光磁火 "8" 圈，转动越快，则形成高压槽或低压槽的可能性越大。喜马拉雅山被称为 "高原水塔"，不排除与洋流（暖流或寒流）相互作用形成纵向连通，形成降雨或降雪等自然现象的可能。

也就是说寒潮是地球大气上空圈层面消失以至于纵向连通更上层圈层，而引起上圈层冷空气下沉，不断从横向输入冷空下沉的结果，要使寒潮减少，必须使大气圈层闭合特别是臭氧圈层闭合而减少高层冷空气向低层大气输入才有可能。而臭氧的生成是以地球上空气体遭受紫外线照耀为基础的，如果其上方的圈层闭合厚度增强，流动性变差，其下方臭氧圈层也会变薄，受重力的作用会下沉，遇到水汽形成雨滴降落地面。只要高层圈层未闭合，未形成高气压，寒潮就难以消失。只要高层臭氧圈层闭合，日照增强，下面气层的空气温度就会上升，形成高气压，我们生活的环境才会变得舒适怡人。

五、运动规律性

运动具有生命周期、周而复始的规律性。用光磁火 "8" 圈解析牛顿万有引力。牛顿的万有引力只说明了引力的大小与质量成正比，与距离的平方成反比，即 $F=GM_1M_2/R^2$，但没有说明人与人之间的吸引关系与指南针总是指向南的关系问题，只是一个静态关系式，最多只能说明固体同比重的物体可以处于同一个平面，或者轻的物体浮在上面，重的物体沉在下面，只说明了趋势，没有说明运动原因。飞机、灰尘之所以浮在空气中不沉降，是因为个体与环境光磁火 "8" 圈有一个强对流的交换（光磁热）系统与其保持内外环境的交换来保持浮起来并不停运动，交换少或不交换使得飞机或飞尘自然而然下降到地面。也就是说近地面的空气温度高于高空温度，其产生的长波辐射就易形成光磁火 "8" 圈气层。只要飞机或飞尘个体产生的气层光磁火 "8" 圈不断与空气环境中的光磁火 "8" 圈交流，就可以保持其浮在空气中。这也说明了白天温度高热辐射强，飞尘可以被光磁火 "8" 圈负压提升，晚上温度低热辐射弱，负压减少，飞尘下降到地面，使得地面积灰。飞机也一样，不断大排量燃烧航空煤油产生气体，排放量越多与速度越快，飞机动力越大，形成的光磁火 "8" 圈产生负压膨胀，使得飞机本身与周围环境空气的热交换加速，从而推动螺旋桨使得飞机飞起来。

这样也可以解析伽利略的两个铜球从比萨斜塔上下落同时着地的现象。铜球越光滑，其下降的阻力会越小，球本身光磁火 "8" 圈与环境空气的光磁火 "8" 圈若不交换热（光磁）产生摩擦阻力，不论其是大铜球还是小铜球，可以同时落地。就好像铜球在真空中一样，球与真空不产生摩擦阻力或浮力，只要有重力，就可以以相同的速度下落而同时落地。

参 考 文 献

[1] 柄谷行人. 哲学的起源［M］.潘世圣，译. 北京：中央编译出版社，2015.

[2] 凯伦·阿姆斯特朗. 神的历史［M］.蔡昌雄，译. 海口：海南出版社，2013.

[3] 弗里德里希·尼采. 尼采自述［M］.黄忠晶，译. 天津：天津人民出版社，2010.

[4] 艾伦·伍德. 康德的理性神学［M］.邱文元，译. 北京：商务印书馆，2014.

[5] 彼得·辛格. 黑格尔［M］.张卜天，译. 南京：译林出版社，2015.

[6] 柏拉图. 理想国［M］.袁岳，译. 北京：中国长安出版社，2010.

[7] 王阳明. 传习录［M］.郑州：中州古籍出版社，2008.

[8] 戴维·布鲁克斯. 品格之路［M］.胡小锐，译. 北京：中信出版集团，2016.

[9] 培根. 培根论人生［M］.储琢佳，译. 苏州：江苏文艺出版社，2011.

[10] 梁漱溟. 人生的三路向：宗教、道德与人生［M］.北京：当代中国出版社，
2010.

[11] 休斯顿·史密斯. 人的宗教［M］.刘安云，译. 海口：海南出版社，2013.

[12] 凯伦·阿姆斯特朗. 轴心时代［M］.孙艳燕，白彦兵，译. 海口：海南出版社，
2010.

[13] 尤瓦尔·赫拉利. 人类简史［M］.林俊宏，译. 中信出版社，2014.

[14] 查理德·福提. 地球简史［M］.齐仲里，王富滨，译. 北京：中央编译出版
社，2010.

[15] 斯蒂芬·霍金. 时间简史［M］.许明贤，吴忠超，译. 长沙：湖南科学技术出
版社，2014.

[16] 斯蒂芬·霍金. 图解时间简史［M］.王宇琨，董志道，译. 北京：北京联合出

版公司，2013.

[17] 苏珊·怀斯·鲍尔. 极简科学史：人类探索世界与自我的 2500 年［M］. 北京：中信出版集团，2016.

[18] 罗伯特·瑞米尼. 美国简史：从殖民时代到 21 世纪［M］. 朱玲，译. 杭州：浙江人民出版社，2015.

[19] 威廉·拜纳姆. 耶鲁科学小历史［M］. 高环宇，译. 北京：中信出版集团，2016.

[20] 吉姆·艾尔 – 哈利利. 悖论：破解科学史上最复杂的 9 大谜团［M］. 戴凡维，译. 北京：中国青年出版社，2014.

[21] 纳西姆·尼古拉斯·塔勒布. 反脆弱［M］. 雨珂，译. 北京：中信出版社，2014.

[22] 马克·麦卡琴. 终极理论［M］. 谢琳琳，伍义生，杨晓冬，译. 重庆：重庆出版社，2009.

[23] 阿米尔·D. 阿克塞尔. 上帝的方程式［M］. 薛密，译. 上海：上海译文出版社，2014.

[24] 史密斯·霍金. 果壳中的宇宙［M］. 吴忠超，译. 长沙：湖南科学技术出版社，2001.

[25] 内莎·凯里. 遗传的革命［M］. 贾宜，王亚菲，译. 重庆：重庆出版社，2016.

[26] 斯蒂芬·温伯格. 给世界的答案［M］. 凌复华，彭倩珞，译. 北京：中信出版社，2016.

[27] 伊格内修斯·亚特兰蒂斯：太古的世界［M］. 唐纳利，陈姣婵，译. 南昌：百花洲文艺出版社，2016.

[28] 加斯东·巴什拉. 火的精神分析［M］. 杜小真，顾嘉琛，译. 开封：河南大学出版社，2016.

[29] 建一. 自然物质的变化：揭示生命、地球、宇宙奥秘［M］. 太原：山西科学技术出版社，2002.

［30］哥白尼. 天体运行论［M］.叶式辉，译. 北京：北京大学出版社，2006.

［31］哈维. 心血运动论［M］.田洺，译. 北京：北京大学出版社，2007.

［32］伽利略. 关于托勒密和哥白尼两大世界体系的对话［M］.周煦良，译. 北京：北京大学出版社，2006.

［33］道尔顿. 化学哲学新体系［M］.李家玉，盛根玉，译. 北京：北京大学出版社，2006.

［34］波义耳. 怀疑的化学家［M］.袁江洋，译. 北京：北京大学出版社，2007.

［35］莱伊尔. 地质学原理［M］.徐韦曼，译. 北京：北京大学出版社，2008.

［36］牛顿. 光学［M］.周岳明，等译. 北京：北京大学出版社，2007.

［37］傅立叶. 热的解析理论［M］.桂质亮，译. 北京：北京大学出版社，2008.

［38］E. 薛定谔. 薛定谔讲演录［M］.范岱年，胡新和，译. 北京大学出版社，2007.

［39］维纳. 控制论或关于在动物和机器中控制和通信的科学［M］.郝季仁，译. 北京：北京大学出版社，2007.

［40］笛卡儿. 笛卡儿几何［M］.袁向东，译. 北京：北京大学出版社，2008。

［41］艾尔弗雷德·W.克罗斯比. 生态扩张主义：欧洲 900—1900 年的生态扩张［M］.许友民，许学征，译. 沈阳：辽宁教育出版社，2000.

［42］Eldon D E, Bradley F S. 环境科学：交叉关系学科［M］.北京：清华大学出版社，2004.

［43］巴里·康芒纳. 封闭的循环：自然、人和技术［M］.长春：吉林人民出版社，1997.

［44］赫尔曼·E.戴利，肯尼思·N.汤森. 珍惜地球：经济学、生态学、伦理学［M］.马杰，钟斌，朱又红，译. 北京：商务印书馆，2001.

［45］Scott J C, Janet M T. 环境经济学与环境管理［M］.李建民，姚从容，译. 北京：清华大学出版社，2006.

［46］北京大学中国可持续发展研究中心，东京大学生产技术研究所. 可持续发展理论与实践［M］.北京：中央编译出版社，1997.

［47］广东省自然灾害地图集编委会. 广东省自然灾害地图集［M］.广州：广东省地
图出版社，1995.

［48］联合国环境计划署. 全球环境展望3［M］.北京：中国环境出版社，2002.

［49］芭芭·拉沃德，勒内·杜博斯. 只有一个地球［M］. 长春：吉林人民出版社，
1997.

［50］李亚南. 环境污染控制与实践［M］.广州：广东经济出版社，2000.

［51］李亚南. 章动的地球［M］.广州：广东经济出版社，2009.

［52］世界环境与发展委员会. 我们共同的未来［M］.长春：吉林人民出版社，1997.